普通高等教育"十三五"规划教材

化学本科专业全程实践教学体系改革实验丛书

综合化学实验 I

主　编 ○ 刘　卫　　苟高章

副主编 ○ 洪　涌　　陈雪冰　　汪学全

U0205746

西南交通大学出版社

·成　都·

内容简介

本书是化学本科专业全程实践教学体系改革实验丛书之一，主要内容为应用多学科知识才能完成的制备类、提取分离类、通用操作类的有机化学实验，实验方式以微量实验为主，并引入微波、超声波等新的合成技术，充分体现环境友好、绿色化学的新理念。

本书可作为普通高等学校的实验教材，适用专业包括化学、应用化学、化学工程、制药、生物、医学、食品、环境、材料等，也可供开放性与研究性实验或学习有机合成设计的人员使用，还可供相关专业研究生、技术人员与研究人员参考。

图书在版编目（CIP）数据

综合化学实验. I／刘卫，苟高章主编. —成都：西南交通大学出版社，2016.8
（化学本科专业全程实践教学体系改革实验丛书）
普通高等教育"十三五"规划教材
ISBN 978-7-5643-4970-7

Ⅰ. ①综… Ⅱ. ①刘… ②苟… Ⅲ. ①化学实验－高等学校－教材 Ⅳ. ①O6-3

中国版本图书馆 CIP 数据核字（2016）第 200576 号

普通高等教育"十三五"规划教材
化学本科专业全程实践教学体系改革实验丛书

综合化学实验 I

主编　刘　卫　苟高章

责 任 编 辑	牛　君	
封 面 设 计	何东琳设计工作室	

出 版 发 行	西南交通大学出版社 （四川省成都市二环路北一段 111 号 西南交通大学创新大厦 21 楼）	
发 行 部 电 话	028-87600564　028-87600533	
邮 政 编 码	610031	
网　　　址	http://www.xnjdcbs.com	
印　　　刷	四川煤田地质制图印刷厂	
成 品 尺 寸	185 mm×260 mm	
印　　　张	13	
字　　　数	326 千	
版　　　次	2016 年 8 月第 1 版	
印　　　次	2016 年 8 月第 1 次	
书　　　号	ISBN 978-7-5643-4970-7	
定　　　价	29.00 元	

课件咨询电话：028-87600533
图书如有印装质量问题　本社负责退换

前　言

本书是化学专业全程实践教学体系改革实验丛书之一，实验丛书打破按无机化学、分析化学等理论课程设置相应的实验课程体系的传统分类，构建了由基础化学实验（Ⅰ、Ⅱ、Ⅲ）、综合化学实验（Ⅰ、Ⅱ）及化学设计创新实验组成的基础、综合、设计创新三个层次六个模块的化学实验课程体系，将学生动手能力、科学素养、综合能力的训练和创新精神的培养融为一体，具有全程性、分层次、模块化、多功能的特点。

丛书在编写过程中，积极探索与普通高校转型发展相适应的专业人才培养模式改革，结合多年教学实践及教学改革经验，吸收同类教材的优点，经过精心的整理提炼及充实提高，是近几年来我们进行化学专业全程实践教学模式改革取得的建设成果之一，是培养学生的创新意识及实践动手能力的有效教学载体。

本书作为实验丛书中的《综合化学实验Ⅰ》，主要内容为应用多学科知识才能完成的制备类、提取分离类、通用操作类的有机化学实验，实验方式以微量实验为主。针对普通高等学校面向应用改革教学内容课程体系的发展趋势，本书选择了一些与生产实际、日常生活相关度较高的实验内容，涉及药物、高分子、日用品、化学试剂等的合成制备及色素、香精香料等天然产物的提取分离，以提高实验内容的实用性，并引入微波、超声波、微型化等新的合成技术，充分体现环境友好、绿色化学的新理念。

全书共分四章加附录，第一章主要内容为有机化学实验基础知识；第二章为有机化学实验的操作理论；第三章为有机化学实验的基本装置和基本操作；第四章为有机化学实验，涉及基本技能训练、经典单步骤合成、多步骤合成、高分子及精细有机化合物的制备、天然产物的分离和提纯、微波辐射合成等内容，贯通反应、合成、分离、提纯、物理性质测定及波谱解析等环节。附录收录了常用有机溶剂的纯化方法、常用有机化合物的物理常数等13个方面的内容，方便学生在实验和自主学习中使用，有助于学生实验技能的提升和良好科学素养的养成。

本书在编写过程中得到了红河学院云南省化学重点建设专业、云南省化学专业教学团队、云南省高校省级实验教学示范中心、云南省高校化学专业综合改革试点等项目的大力支持，在此致以深切的谢意。

丛书除面向化学、应用化学、化工等化学类专业外，还可提供生命科学、环境科学、药学、冶金工程、材料科学、食品、医学等非化学类专业的化学实验使用，非化学类专业的化学实验可根据不同专业的需求由六个模块的内容灵活搭配组成。

由于编者水平及时间有限，书中难免存在错误、疏漏和不妥之处，恳请读者批评指正。

编　者

2016 年 5 月

目　录

第一章　有机化学实验基础知识

第一节　有机化学实验及其分类

有机化学是一门以实验为基础的科学。它的理论是在大量实验的基础上产生，并接受实验的检验而得到发展和逐步完善的。在高校，有机化学实验课始终与有机化学理论课并存。很难想象，一个不具备实验技能的人能在有机化学的科学研究和有机化工的生产指导中做出重大成就。有机化学实验课的基本任务在于：

（1）验证有机化学理论并加深对理论的理解。

（2）训练有机化学实验的基本操作能力。

（3）培养理论联系实际、严谨求实的实验作风和良好的实验习惯。

（4）培养初步的科研能力，即根据原料及产物的性质正确选择反应路线和分离纯化路线，正确控制反应条件，准确记录实验数据，对实验结果进行综合整理分析的能力。

有机化学实验种类很多，有不同的分类方法，若从实验目的考虑，可分为以下四大类：

（1）有机分析实验。它又可分为：

① 常数测定实验，以确定化合物的某项物理常数为目的，一般不发生化学反应。

② 化合物性质实验，以确定化合物是否具有某种性质或某种官能团为目的。

③ 元素定性分析实验，以确定化合物中是否含有某种元素为目的。

④ 元素定量分析实验，以确定化合物中某种元素的含量多少为目的。

⑤ 波谱实验，通过测定化合物的某种特征吸收或化合物分子受到高能量电子束轰击时裂解出的碎片，来确定化合物的结构特征。

化合物性质实验、元素定性分析实验和元素定量分析实验三类实验中都有化学反应发生，但都不以获取反应产物为目的。元素定性和定量分析实验都是通过观察化学反应的伴随现象（如颜色的变化、沉淀的生成或消失）得出结论的，而且一般是在试管中进行的，所以也合称试管实验。元素定量分析实验的操作要求严格，一般列入专业课实验。波谱实验由于发展迅速，已有许多精深的专著，并逐渐形成了独立的学科，故本书中对波谱实验、元素定性和定量分析实验不再介绍。

（2）有机合成实验，以通过化学反应获取反应产物为目的。

（3）分离纯化实验，以从混合物中获得某种预期成分为目的，一般不发生化学变化。被分离的混合物可以来自矿物（如石油）、动物、植物或微生物发酵液，但多数情况下是化学反应后得到的反应混合物。

（4）理论探讨性实验，如对反应动力学、反应机理、催化机理、反应过渡态的研究等。

此类实验在基础课教学实验中涉及较少。

以上第二、三类实验有时合称为制备实验。制备实验在有机化学实验中占多数。但一次具体的实验往往涉及两类或三类实验，例如，通过有机合成得到的是产物、副产物、未反应的原料、溶剂、催化剂等的混合物，需进行分离纯化才能得到较纯净的产物，最后还需通过适当的有机分析实验来鉴定产物。

有机化学实验中所用到的操作技能是多种多样的，其中一些反复使用的、具有固定规程和要点的操作单元称为基本操作。复杂的实验是基本操作的不同组合。因此，基本操作能力训练是有机化学实验课程的核心任务。为训练学生的基本操作能力而专门设计的实验称为基本操作实验，其中多数是分离纯化实验。

有机实验的成功与否包括两个方面，一是实验结果（如预期的现象是否出现，预期的产品是否得到，以及产品的质量和收率等）；二是实验过程中操作条件控制的准确性和记录的完整性。一般说来后者更为重要，因为实验结果不理想，可以通过改变实验条件而逐步达到成功；而条件控制不准确则是一笔糊涂账，无法再现实验结果。

第二节　有机化学实验常识

一、有机化学药品常识

实验中用到的有机化学药品称为有机化学试剂，它与一般的无机试剂在性质上有较大的差别，主要表现为

1. 易燃性

绝大多数有机化学药品是可燃的，一部分是易燃的，其中有少数还会由于燃烧过快而发生燃爆。对于起火燃烧危险性大小的标度方法，常见的有以下几种：

（1）闪点（Flash point）。指液体或挥发性固体的蒸气在空气中出现瞬间火苗或闪光的最低温度。若温度高于闪点，药品随时都可能被点燃。药品闪点在 $-4\ ℃$ 以下者为一级易燃品；在 $-4 \sim 21\ ℃$ 之间者为二级易燃品；在 $21 \sim 93\ ℃$ 之间者为三级易燃品。测定闪点有开杯和闭杯两种方式，文献中大都注明。查阅相关文献即可推测某种具体的有机试剂起火燃烧的危险性大小。实验室中常用的有机溶剂大多为一级易燃液体。

（2）火焰点。在开杯试验中若出现的火苗能持续燃烧，则可持续燃烧 5 s 以上的最低温度称为火焰点，也叫着火点。当药品的闪点在 $100\ ℃$ 以下时，火焰点与闪点相差甚微，当闪点在 $100\ ℃$ 以上时，火焰点一般高出闪点 $5 \sim 20\ ℃$。

（3）自燃点。分为受热自燃和自热自燃两种情况。前者指样品受热引起燃烧的最低温度；后者指样品在空气中由于氧化作用产生的热量积累，自动升温，最终起火燃烧的最低温度。自燃点越低，起火燃烧的危险性越大。

2. 爆炸性

（1）燃爆。燃爆指易燃气体或蒸气在空气中由于燃烧太快，产生的热量来不及散发而引起的爆炸。易燃气体或易燃液体的蒸气与空气混合，在一定浓度范围内遇到明火即发生爆炸，而低于或高于这个浓度范围则不会爆炸，这个浓度范围称为爆炸极限或燃爆极限。爆炸极限通常以体积分数来表示，其浓度范围越宽广，发生爆炸的危险性就越大。

（2）自爆。亚硝基化合物、多硝基化合物、叠氮化合物在较高温度或遇到撞击时会自行爆炸；金属钾、钠在遇水时会猛烈反应而发生爆炸；重氮盐在干燥时自行爆炸；过氧化物在浓缩到一定程度或遇到较强还原剂时会剧烈反应而发生爆炸。此外，氯酸、高氯酸、氮的卤化物、雷酸盐、多炔烃等类化合物在一定的条件下也易发生爆炸。

3. 化学毒性

实验室中所用的有机化学药品除葡萄糖等极少数之外都是有毒的。药品的化学毒性有急性毒性、亚急性毒性、慢性毒性和特殊毒性之分。本书只介绍急性毒性和慢性毒性的常识。

（1）急性毒性。急性毒性指以饲喂、注射、涂皮等方式对试验动物施药一次所造成的伤害情况。最常见的标度方法是 LD_{50}（Lethal Dose，半数致死量），单位是 mg/kg。其物理意义是施药一次造成半数（50%）试验动物死亡时，平均每千克体重*的试验动物所用的药品质量（单位：mg），一般都同时注明动物种类和施毒方式。例如，三乙胺的 LD_{50} 为 460 mg/kg（Orally in mice）。不同种动物，不同的施药方式，有一些近似的折算方法，可参看相关专著。根据半数致死量的大小将急性毒性分为 5 个等级（表 1-2-1）。一些常见有机化合物的半数致死量数据可从相关手册中查取。据此可知实验中所操作的试剂的急性毒性大小。

表 1-2-1　急性毒性的 5 个等级

毒性级别	大鼠一次经口 LD_{50}/（mg/kg）	6 只大鼠吸入 4 h 死亡 2～4 只时浓度/10^{-6}	对人的可能致死量	
			g/kg	总量（g/60 kg）
剧毒	<1	<10	<5	0.1
高毒	1～	10～	5～	3
中等毒	50～	100～	44～	30
低毒	500～	1000～	350～	250
微毒	5000～	10 000～	2180～	<1000

（2）慢性毒性。慢性毒性指长期、反复接触的化学药品对人体所造成的伤害情况，用 TLV 来标度，其单位是 mg/m³，即每立方米空气中含此毒物的质量（单位：mg）。这是 Threshold Limit Value 的缩写，一般译为极限安全值或阈限值，通俗点说就是车间空气允许浓度，即在工作环境的空气中含此毒物的蒸气或粉尘所能允许的最大浓度。在此浓度以下，操作者长期反复接触（以每天 8 h，每周 5 天计）而不造成危害。TLV 数值越小，慢性毒性越大。在较

注：* 实为质量，包括后文的称重、恒重、重量等。但在现阶段的农林、医药、生化等行业的生产和科研实践中一直沿用，为使学生了解、熟悉生产与科研实际，本书予以保留。——编者注

早的文献中，也有以 ppm 为单位的。如有必要，可按下式折算：

$$TLV(ppm) = TLV(mg/m^3) \times \frac{22.4}{毒物的分子量}$$

二、有机化学实验室的常用玻璃仪器

有机化学实验室中使用最多的是玻璃仪器（图 1-2-1）。不同的玻璃，其组成和特性各不相同，可用于加热的玻璃仪器由硬质玻璃制成，软化温度为 770 ℃。

玻璃仪器一般可分为普通玻璃仪器、标准磨口仪器和非标准磨口仪器三类，但也有少数兼有标准磨口和非标准磨口。

仪器的开口处按照国际统一的尺寸和锥度磨制而成的玻璃仪器称为标准磨口仪器。标准磨口的锥度（即磨口大端直径与小端直径的差值除以磨口的高所得的商值）为 1/10，半锥角为 2°51′45″。标准磨口仪器有许多规格，以其大端直径（以 mm 为单位）最接近的整数作为其规格的编号，称为某号磨口或简称某口。最常见的有 10#、12#、14#、19#、24#、29#、34# 等，其大端直径依次为 10.0，12.5，14.5，18.8，24.0，29.2，34.5 mm。如果仪器上标有 14/25 字样，则表示磨口大端直径 14 mm、高 25 mm，依此类推。

标准磨口仪器商品目录的编号次序是仪器配件类别（名称）编号/配件规格/标准磨口规格。其中磨口规格是按照先上后下、先左后右、先口后塞、先直后斜的次序编排的。例如，6/500/24，19×2，14 中的 6 为类别号，表示四口烧瓶；500 表示容量为 500 mL；磨口的中口为 24；二侧口各为 19，直支口为 14。再如，35/14，24，19 中的 35 为类别号，表示蒸馏头；标准磨口的上支口为 14，下直塞为 24，斜塞为 19。标准磨口仪器同号的磨口（阴磨口）和磨塞（阳磨口）可以严密对接，在安装时省去了选塞打孔的麻烦，因而组装方便，节省时间。

非标准磨口仪器一般是厚壁的或带有活塞的仪器，通常不可加热。其磨口的长度和口径无统一的标准，只有在仪器出厂时已经配好的阳磨和阴磨才能严密接合，不能用一件阳磨代替另一件阳磨。例如，如果分液漏斗或滴液漏斗的活塞被打碎，则整件仪器报废，一般不能找到另一个可以完全密合的塞子。活塞在使用时都要涂上凡士林以利转动，且须在塞子的小端套上橡皮圈以防滑脱打破。

非磨口仪器也称普通玻璃仪器，大部分已被淘汰，剩下的少数一般为无口（如表面皿）、广口（如烧杯）和厚壁（如研钵）等容器。

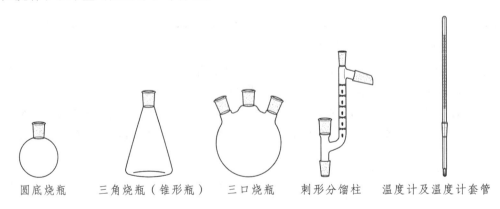

圆底烧瓶　　三角烧瓶（锥形瓶）　　三口烧瓶　　刺形分馏柱　　温度计及温度计套管

图 1-2-1　各种玻璃仪器示意图

蒸馏头　直形冷凝管　克氏蒸馏头　弯管塞　真空接收管

球形冷凝管　空气冷凝管　砂芯漏斗　实心塞　层析柱　恒压滴液漏斗

漏斗　接液管　梨形分液漏斗　抽滤瓶　油水分离器

烧杯　脂肪提取抽出筒　量筒　注射器（配针头）

三、有机化学实验中的常识性技能

1. 塞子的选择、打孔和装配

软木塞、橡皮塞都具有两种功能：一是将容器密封起来，二是将分散的仪器连接起来装配成具有特定功能的实验装置，而玻璃塞、塑料塞则一般只具有前一种功能。软木塞密封性较差，表面粗糙，会吸收较多的溶剂；其优点是不会被溶胀变形，在使用前需用压塞机压紧密，以防在钻孔时破裂。橡皮塞表面光滑，内部疏密均匀，密封性好；其缺点是易被有机溶剂的蒸气溶胀变形。在实验室中橡皮塞的使用远比软木塞广泛，特别在密封程度要求高的场合必须使用橡皮塞。玻璃塞、塑料塞应使用仪器原配的或口径编号相同的。软木塞和橡皮塞的选择原则是将塞子塞进仪器颈口时，有 1/3 ~ 2/3 露出口外。

标准磨口玻璃仪器的普及使用为仪器的装配带来极大的方便，但仍有少数场合需要通过软木塞或橡皮塞来连接装配，这就需要在塞子上钻孔。为了使玻璃管或温度计既可顺利插入塞孔，又不致松脱漏气，需要选择适当直径的打孔器。对于橡皮塞，应使打孔器的直径等于待插入的玻璃管或温度计的直径；对于软木塞，则应使打孔器的直径稍小于待插入的玻璃管或温度计。钻孔时在塞子下垫一木块，在打孔器的口上涂少许甘油或肥皂水，左手握塞，右手持打孔器从塞子的小端垂直均匀地旋转钻入。钻穿后将打孔器旋转拔出，用小一号的打孔器旋转推出所用打孔器内的塞芯。必要时可用小圆锉将钻孔修理光滑平整。

把温度计插入塞孔中时需在塞孔口处涂上少量甘油，左手持塞，右手握温度计，缓慢均匀地旋转插入。右手的握点应尽量靠近塞子，不可在远离塞子处强力推进，否则可能折断温度计并割伤手指。如果塞孔过细而难于插入，可以将温度计缓缓旋转拔出，用小圆锉将塞孔修大一点再重新插入；如塞孔过大而松脱，应另取一个无孔塞，改用小一号的打孔器重新打孔，不可用纸衬、蜡封等方法凑合使用。玻璃管、玻璃棒插入塞子的方法与温度计相同，且在插入之前需将管口或棒端烧圆滑，在插入时不可将玻璃管（棒）的弯角处当作旋柄用力。

如需从塞子中拔出玻璃管（棒），可在玻璃管（棒）与橡皮的接合缝处滴入甘油，按照插入时的握持方法缓缓旋转退出。如已粘结，可用小起子或不锈钢铲沿玻璃壁插入缝中轻轻拧动，然后按上述方法退出。若实在退不出来，不要强求，可用刀子沿塞的纵轴方向切开，将塞子剥下。若退下的塞子仍然完好，可洗净收存，供下次使用。

2. 仪器的清洗和干燥

在进行有机化学实验时，为避免杂质进入反应体系，影响反应条件及实验现象的观察，必须对玻璃仪器进行清洁和干燥。

仪器的清洗应在每次实验之后立即进行。这是因为，一方面，清楚当时污物的性质，以便采取合适的方式清除；另一方面，也为下一次实验做好准备。最简单而常用的玻璃仪器清洗方法是用合适的毛刷沾上去污粉或皂粉，刷洗仪器内外壁，直至玻璃仪器上污物全部去除，再用自来水冲洗干净。若要求洁净程度很高，还需用少量蒸馏水淋洗 2 ~ 3 次。有些有机反应残留物用去污粉不易洗净，可根据污物的具体情况采用规格较低或回收的有机溶剂浸泡后洗涤；或根据污物的性质用稀酸或碱液来清洗，但不能盲目使用，以免造成浪费和事故。检验玻璃仪器是否洗净的标准是看其瓶壁上是否出现均匀水膜，既不聚成水珠，也不成股流下，若有水珠，需重新洗涤。应该特别指出的是，洗净后的仪器不能用抹布、滤纸等擦干。

进行有机化学实验所使用的玻璃仪器除需洗净外，常常还需要干燥。水的存在有时会影响化学反应的速率或产率，有时甚至是化学反应进行与否的关键。对于一般无水要求的实验，只需将玻璃仪器倒置晾干便可使用；对于绝对无水的实验，则需将仪器置于烘箱中或热气流烘干器上烘干。若需急用，可将洗净的玻璃仪器用少量乙醇或丙酮荡洗，再用吹风机吹干。必须特别指出的是，无论用何种方法干燥的仪器，都必须让仪器冷至室温时才能取出，否则热的仪器在自然冷却过程中，水气将在器壁上凝聚。

四、有机化学实验室安全常识

有机化学实验是一门事故发生率较高的实验课程，小事故常见，恶性事故也时有发生。为了预防实验事故，以及在万一发生事故时能及时有效地处理，尽可能减轻其危害，必须对常见事故的发生原因、预防办法及处置措施有所了解。实验室中常见的事故有：

1. 着 火

如前所述，有机试剂大部分可燃，一部分是易燃品，而实验室中最常使用的溶剂则大部分是易燃品且具有较大的挥发性。同时，实验室中又要用煤气灯、电炉加热，各种电器的使用往往也会产生电火花。所以着火燃烧是发生率最高的实验事故。常见的情况有：

（1）在烧杯或蒸发皿等敞口容器中加热有机液体，可燃的蒸气遇明火引起燃烧。

（2）回流或蒸馏操作中未加沸石，引起暴沸，液体冲出瓶外被明火点燃。

（3）用明火加热装有液体有机物的烧瓶，引起烧瓶破裂，液体逸出并被点燃。

（4）在倾倒或量取有机液体时不小心将液体洒出瓶外并被明火点燃。

（5）盛放有机液体的瓶子长期不加盖，蒸气不断挥发出来，由于其密度比空气大，会下沉流动聚集于地面低洼处，遇到丢弃的未熄灭的火柴头、烟蒂等引起燃烧。

（6）将废溶剂等倒入废物缸，其蒸气大量挥发，被明火点燃。

（7）在使用金属钠时，不小心使金属钠接触水或潮湿的台面、抹布等引起燃烧。

如果发生了燃烧事故，千万不可惊慌失措。首先要做的是立即关掉煤气开关，切断电源，移开火焰周围的可燃物品，然后根据不同情况作不同处置。若是热溶剂挥发出的蒸气在瓶口处燃烧，可用湿抹布盖熄；若仅有一两滴液体溅在实验台面上燃烧，则移开周围可燃物后，可任其烧完，一般会在一分钟之内自行熄灭而不会烧坏台面；若洒出的液体稍多，可用防火沙、湿抹布或石棉布盖熄；若火势较大，则需用灭火器喷熄；若可燃液体溅在衣服上并引起燃烧，应立即就地躺倒滚动将火压熄，切不可带火奔跑，以免火势扩大。

实验室内灭火应该注意：

（1）一般不可用水去灭火，因为有机物会浮在水面上继续燃烧，并随水的流动迅速扩散。只有当着火的有机物极易溶于水，且火势不大时才可用水灭火。

（2）用灭火器灭火时应从火焰的四周向中心扑灭，且电器着火时不可用泡沫灭火器灭火。

（3）金属钾、钠造成的着火事故不可用灭火器扑灭，更不能用水，只能用干沙或石棉布盖熄。若一时不具备这些东西，也可将实验室常用的碳酸钠或碳酸氢钠固体倒在火焰上将火扑灭。

为了预防实验中可能发生的着火事故，在实验前必须对所用到的试剂、溶剂等有尽可能详尽的了解。一般说来化合物闪点越低，越易燃烧，如果同时沸点也较低（挥发性大），则使用时更应加倍小心。常用有机物的闪点可查阅相关资料获取。此外，实验室应经常开窗通风透气，以防止可燃蒸气聚集，在实验中严格准确地按照规程操作也是必不可少的。只要实验人员懂得药品性能，重视安全，集中注意力，严格操作，着火事故是可以预防的。

2. 爆 炸

有机化学实验室中常见的爆炸事故及其发生原因、预防办法和处置措施有：

（1）燃爆。燃爆的概念及标度的方法见前文。一般地说，药品爆炸极限越宽，则发生爆炸的危险性就越大。所以，在使用氢气、乙炔、环氧乙烷、甲醛等易燃气体或乙醚等易燃液体时必须保持室内空气流通，并熄灭附近的明火。

（2）在密闭系统中进行放热反应或加热液体而发生爆炸。凡需要加热的或进行放热反应的装置，一般都不可密封。

（3）减压蒸馏时若使用锥形瓶或平底烧瓶作为接收瓶或蒸馏瓶，因其平底处不能承受较大的负压而发生爆炸。故减压蒸馏时只允许用圆底瓶、尖底瓶或梨形瓶作为接收瓶和蒸馏瓶。

（4）乙醚、四氢呋喃、二氧六环、共轭多烯等化合物，久置后会产生一定量的过氧化物。在对这些物质进行蒸馏时，过氧化物被浓缩，达到一定浓度时发生爆炸。故在对这些物质进行蒸馏之前一定要检验并除去其中的过氧化物，而且一般不允许蒸干。

（5）某些类型的化合物在一定条件下会发生自爆或爆炸性反应。为此，多硝基化合物、叠氮化合物应避免高温、撞击或剧烈的震动；金属钾、钠应避免接触水、湿抹布或潮湿的仪器；重氮盐应现制现用，如确需短期存放，应保存在水溶液中；氯酸钾、过氧化物等应避免与还原剂混放。

爆炸事故的发生率远低于着火事故，但一旦发生，危害往往十分严重。所以，爆炸危险性较大的实验应在专门的防爆设施（如装有有机玻璃的通风橱）中进行，操作人员必须戴上防爆面罩。一般情况下不允许一个人单独关在实验室里做实验，以免在万一发生事故时无人救援。如果爆炸事故已经发生，应立即将受伤人员撤离现场，并迅速清理爆炸现场以防引发着火、中毒等事故。如果已经引发了其他事故，则按相应的方法处置。

五、有机化学实验室学生守则

为保障实验正常进行，避免实验事故，培养良好的实验作风和实验习惯，学生必须遵守下列守则：

（1）实验前须认真预习有关实验内容，明确实验的目的和要求，了解实验原理、反应特点、原料和产物的性质及可能发生的事故，写好预习笔记。

（2）实验中要集中精力，认真操作，仔细观察，如实记录，不做与该次实验无关的事情。

（3）遵从教师指导，严格按规程操作。未经教师同意，不得擅自改变药品用量、操作条件或操作程序。

（4）保持实验台面、地面、仪器及水槽整洁。所有废弃的固体物应丢入废物缸，不得丢入水槽，以免堵塞下水道。

（5）爱护公物，节约水、电、煤气。不得乱拿别人的仪器，不得私自将药品、仪器携出实验室。公用仪器用完后要及时归还。

（6）实验完毕，洗净仪器并收藏锁好，清理实验台面，经教师检查合格后方可离开实验室。

（7）学生轮流值日。值日生须做好地面、公共台面、水槽的卫生并清理废物缸，检查水、电、煤气，关好门窗，经检查合格后方可离开。

第三节　实验预习、实验记录和实验报告

一、预习和预习笔记

为了做好实验、避免事故，在实验前必须对所要做的实验有尽可能全面深入的认识。这些认识包括实验的目的要求，实验原理（化学反应原理和操作原理），实验所用试剂的物理化学性质及规格用量，产物的物理、化学性质，实验所用的仪器装置，实验的操作程序和操作要领，实验中可能出现的现象和可能发生的事故等。为此，需要认真学习实验教材的有关章节（含理论部分、操作部分），查阅相关手册，做出预习笔记。预习笔记就是实验提纲，包括实验名称、实验目的、实验原理、主要试剂和产物的物理常数、试剂规格和用量、装置示意图和操作步骤。在操作步骤的每一步后面都需留出适当的空白，以供实验时作记录之用。

二、实验记录

在实验过程中应认真操作，仔细观察，勤于思考，同时应将观察到的实验现象及测得的各种数据及时真实地记录下来。由于是边做实验边记录，可能时间仓促，故记录应简明准确，也可用各种符号代替文字叙述。例如，用"△"表示加热，"+ NaOH sol"表示加入氢氧化钠溶液，"↓"表示沉淀生成，"↑"表示放出气体，"sec"表示"秒"，"$T \backslash 60\,^{\circ}C$"表示温度上升到 $60\,^{\circ}C$，等等。

三、实验报告

实验报告是将实验操作、实验现象及所得的各种数据进行综合归纳、分析的过程，是把直接的感性认识提高到理性概念的必要步骤，也是向导师报告、与他人交流及储存备查的手段。实验报告是将实验记录整理而成的，不同类型的实验有不同的格式。

第二章 有机化学实验的操作理论

第一节 温度计读数误差及其校正

一、温度计读数误差产生的原因

实验室中使用的普通温度计，大多数不能测量出绝对正确的温度。产生误差的原因主要有两个方面：一方面是温度计标定时的条件与使用时的条件不完全相同。温度计的标定可分为全浸式和半浸式两种，全浸式温度计的刻度是在汞线完全均匀受热的条件下标定的，而使用时只有一部分汞线受热，所以有误差是必然的。半浸式温度计的刻度是在有一半汞线受热的条件下标定出来的，较为接近使用时的条件，但在使用时汞线受热部分的长短及周围环境的温度与标定时也不会完全相同，所以也会有误差。另一方面，温度计的毛细管不会绝对均匀。温度计长期处于高温或低温下会使毛细管产生永久性体积形变，这些原因都可能造成读数误差。

所以，在 100 ℃ 以上，偏差 1～2 ℃ 的情况是常见的。在生产实践和科学研究中，对于温度测量的精确度要求有时较为粗略，有时较为精细。在要求精确测定温度的场合，就需要对所用的温度计进行校正。

二、温度计的校正

1. 校正方法

（1）用标准温度计校正。取一支标准温度计，在不同的温度下与待校正温度计比较读数，作出校正曲线。

（2）用标准样品校正。在测定晶体化合物熔点时，我们假定温度计的读数是正确的，用它来确定晶体的熔点；在校正温度计时，则是反过来选定若干已知熔点的纯净晶体样品，它们的熔点温度是经过精确测定并记载于文献的，将它们的熔点温度与温度计的读数相比较，作出温度计的校正曲线。

2. 温度计校正曲线的绘制

温度计校正曲线的纵坐标通常是温度计的直接读数，横坐标可以是真实温度，也可以是读数与真实温度的差值。由于后者对于 1～2 ℃，甚至＜1℃ 的温度误差都会引起曲线形状的较大变化，较为灵敏，故应用范围更广一些。如果误差完全是由温度计标定时和使用时的条件差别所造成的，则绘出的曲线应该是线性或接近线性的［图 2-1-1(a)］；如果误差是由温度计毛细管不均匀、样品不纯、测定时的操作失误等偶然原因所致，则曲线可能具有正、负两方面的偏差而不呈线性［图 2-1-1(b)］。

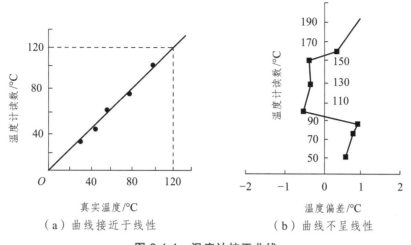

（a）曲线接近于线性　　　　　（b）曲线不呈线性

图 2-1-1　温度计校正曲线

第二节　有机化学实验的几种基本操作及其理论基础

一、液体的蒸气压及相关理论

1. 纯净液体的蒸气压

液体分子处于永恒的运动之中，动能较大的分子在接近液面时会脱离液面的束缚而逸散到上部空间中去。这些逸出液面的分子不断被风吹散，同时又有新的液体分子逸出，久而久之，液体分子全部进入大气，我们就说液体被"晾干"了。如果将液体置于一个密闭体系中，并抽去液面上的空气，使其成为真空密闭状态，这时分子逸出液面的情况仍会发生，但逸出液面的分子却只能在有限的空间中漂移而形成蒸气。由于分子互相碰撞，有的分子被撞回液体中去。当达到平衡时，单位时间内逸出液面的分子数与重新回到液体中的分子数相等，液面上蒸气的密度不再增加，即达到了饱和。饱和时蒸气的压强称为该种液体的饱和蒸气压，简称蒸气压。在同一温度下，不同种的液体一般具有不同的蒸气压；而同一种液体，其蒸气压大小仅与温度有关，与液体的绝对量无关。当液体种类一定、温度一定时，蒸气压具有固定不变的值。

将液体加热，其蒸气压随着温度的升高而升高（图 2-2-1）。当蒸气压升至与外界施加于液面的压强相等时，气化现象不仅发生于液体表面，而且剧烈地发生于液体的内部，有大量气泡从液体内部逸出，这种现象称为沸腾。通常把沸腾时的温度称为沸点。由于沸点与外界压强有关，所以记录沸点时需同时注明外界压强。例如，水在 85 326 Pa 的压强下于 95 ℃ 沸腾，可记为 95 ℃/85 326 Pa。如不注明压强，则通常认为外界压强为一个标准大气压（10^5 Pa）。

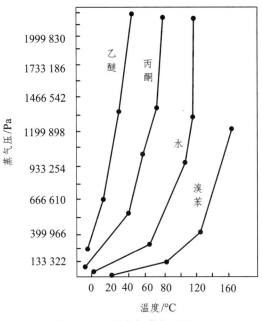

图 2-2-1　温度与蒸气压关系

2. 过热液体

有时液体的温度已经达到或超过其沸点而仍不沸腾，这种现象称为过热。过热的原因在于液体内部缺乏气化中心。通常液体在接近沸点的温度下，内部会产生大量极其细小的蒸气泡。这些蒸气泡由于太小，其浮力不足以冲脱液体的束缚，因而分散地滞留于液体中。如果装盛液体的器皿表面粗糙，吸附有较多空气，则受热时空气泡会迅速增大并向上浮起，在上升时吸收液体中滞留的微小蒸气泡一起逸出液面。在这种情况下，这些空气泡起着气化中心的作用，可使液体平稳地沸腾而不会过热。但在玻璃瓶中加热液体，瓶底及内壁非常光滑，吸附的空气极少，不能提供气化中心，就会造成过热，特别是当液体较黏稠时，更易过热。

过热液体的内部蒸气压大大超过了外界压强，一旦有一个气化中心形成，就会形成许多较大的气泡，这些气泡在上升过程中又会进一步吸收大量滞留的蒸气泡，其体积急剧膨胀并携带液体冲出瓶外，这种不正常的沸腾现象称为暴沸。在蒸馏、减压蒸馏等操作中，暴沸会将未经分离的混合物冲入已被分离开的纯净物中，造成实验失败，严重时还会冲脱仪器的连接处，使液体冲出瓶外，造成着火、中毒等实验事故。为防止暴沸，在蒸馏、回流等操作中投入捶碎的素瓷片，以其粗糙表面上吸附的空气提供气化中心，这种捶碎的素瓷片称为沸石。在减压蒸馏时，则通过毛细管连续地向液体中导入空气作为气化中心。

二、晶体的蒸气压及相关理论

1. 纯净晶体的蒸气压

常温下结晶态固体中的质点（分子或原子）仅在晶格点阵中振动，但在晶面处动能很大的质点会脱离晶格的束缚逸散到周围空间中去。在真空密闭系统中，这些逸散出来的质点只能在有限的空间中游移而形成蒸气，由于互相碰撞，有的质点会被重新撞回晶格中去。当达到平衡时，单位时间内逸出晶格的质点数等于重新回到晶格中的质点数，晶体周围的蒸气浓度不再增加，这时蒸气的压强称为该种晶体的饱和蒸气压，简称蒸气压。当晶体种类一定时，其蒸气压仅与温度相关，而与晶体的绝对量无关。

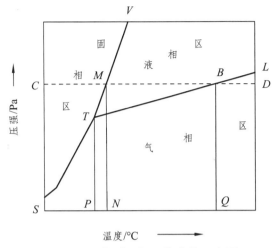

图 2-2-2　物质三相平衡曲线示意图

2. 纯净晶体的三相点

对晶体加热，温度升高，晶体的蒸气压随之升高。如以温度为横坐标、压强为纵坐标作图，可得到图 2-2-2，即该物质的相图。相图由固-气平衡曲线 ST、固-液平衡曲线 TV 和气-液平衡曲线 TL 组成。虚线 CD 是压强为一个标准大气压的等压线。按照严格的定义，化合物的熔点是在一个标准大气压下固-液平衡时的温度，图中的 M 点压强为 1 个大气压，且处于固-液平衡曲线 TV 上，因此 M 所对应的温度即为该晶体的熔点。同样，化合物的沸点是在一个标准大气压下气-液平衡时的温度，B 点在 CD 线上，且在气-液平衡曲线 TL 上，所以 B 所对应的温度即为该物质的沸点。三条平衡曲线交汇于 T 点，T 被称为三相点。

三相点的主要特征为：

（1）三相点处气、液、固三相平衡共存。

（2）三相点是液体存在的最低温度点和最低压强点。

（3）大多数晶体化合物三相点处的蒸气压低于大气压，只有少数晶体三相点处的蒸气压高于大气压。

（4）晶体化合物的三相点温度低于其熔点温度，但相差甚微，一般只低几十分之一摄氏度。

三、溶解和结晶

1. 溶质、溶剂、溶解度

把物质 A 加到物质 B 中，如果 A 为固体或气体，B 为液体，则 A 在 B 中或多或少会有所溶解而形成溶液。这时 A 被称为溶质，B 被称为溶剂。如果 A、B 皆为液体，则以量少者为溶质，量多者为溶剂；如果 A、B 的量相差不大，则实验者可根据自己考察的角度任意指定何为溶质、何为溶剂。

在恒定温度下向一定量的溶剂中加入溶质，随着溶质的不断溶解，溶液的浓度不断增大，当溶解的溶质达到一定数量时，继续加入的溶质就不能再溶解，这种现象称为饱和。处于饱和状态的溶液称为饱和溶液。用 100 g 溶剂制成的饱和溶液中所含溶质的质量（单位：g）叫作该溶质在该溶剂中的溶解度。或者说，溶解度是 100 g 溶剂中所能溶解溶质的最大量（以 g 为单位）。在实际工作中，为计算的方便，也常把 100 mL 溶剂中所能溶解溶质的最大量（以 g 为单位）叫作溶解度。溶解度的大小主要由溶质、溶剂的自身性质和温度所决定，气体的溶解度还和外界压强相关。此外，如果有共存杂质的话，杂质也会不同程度地影响溶解度。

2. 固体物质的溶解和结晶

绝大多数固体物质的溶解度都随温度的升高而增大。在较低温度下达到饱和的溶液，升高温度就不再饱和，需再加入一定量的溶质才能达到新的饱和。反之，在较高温度下达到饱和的溶液，当降低温度时，溶质会部分析出。如果析出时的温度高于溶质的熔点，则析出物呈油状。这些油状物在进一步降低温度时会固化而形成无定形固体，且往往包夹着较多的溶剂和杂质。如果析出时的温度低于溶质的熔点，则会直接析出固体。

固体析出有两种形式：若固体析出较慢，首先析出的数目较少的固体微粒形成"晶种"，它们在过饱和的溶液中有选择地吸收合适的分子或离子，并将其安排到晶格的适当位置上，从而使自己一层层地"长大"，最后得到的晶体具有较大的粒度和较高的纯度，这样的过程称为结晶。如果固体析出很快，在很短时间内形成数目巨大的固体微粒，这些微粒来不及选择分子和定位排列，也长不大，这样的过程称为沉淀。沉淀出来的固体物质纯度较低，且由于粒度小，总表面积大，吸附的溶剂较多，而溶剂中又往往溶解有其他杂质，当溶剂挥发后，其中的杂质就留在沉淀表面。显然，溶质以油状或以沉淀状析出都是不纯的，只有以结晶形式析出才较纯净。

3. 含杂质固体的溶解和结晶

固体样品中所含杂质可能为固体，也可能为树脂状物。将这样的样品溶于合适的热溶剂，制成饱和的热溶液。溶剂的用量以恰能完全溶解其中的纯样品为限，这时杂质可能全溶而饱和，可能全溶而不饱和，也可能不溶。将该溶液趁热过滤，则其中的纯样品及溶解了的那一部分杂质会进入滤液，而未溶解的那一部分杂质（如果有的话）将留在滤纸上。将所得到的热滤液缓缓冷至室温，在此过程中样品将不断地析出来，而杂质则从其达到饱和时开始析出，直到冷却至室温为止。如果温度已冷至室温，而杂质仍未饱和，则不会析出。将已冷至室温的滤液过滤，可收集到精制的固体样品。而杂质则无论是在趁热过滤时留在滤纸上的，或是冷至室温时仍留在母液中的，都不会混入精制的样品中，只有在冷却过程中析出的（如果有的话）才会混入精制品中。

设有固体样品 10 g，内含被提纯物 A 9.5 g 及杂质 B 0.5 g，已知 A 在室温下在选定的溶剂中的溶解度为 0.5 g/100 mL，而在接近沸腾的溶剂中的溶解度为 9.5 g/100 mL。在溶解-结晶过程中可能会遇到以下几种情况：

（1）若杂质 B 在室温下的溶解度大于 A，例如为 1.5 g/100 mL。用 100 mL 沸腾的溶剂即可将全部 10 g 样品溶解，冷至室温后，有 0.5 g A 仍留在母液中，其余 9 g A 将成为晶体析出。滤出晶体并干燥后，A 的回收率为 94.7%。而 B 则全部留在母液中，所以得到的 A 的纯度为 100%。

（2）若 B 在室温下的溶解度小于 A，如为 0.25 g/100 mL。同样用 100 mL 热溶剂溶解，冷至室温后也会有 9 g A 析出，A 的回收率仍为 94.7%；但 B 却不能全部留在母液中，而是只有 0.25 g 留在母液中，其余 0.25 g B 也将成为晶体，与 A 一同析出，所以得到的 A 的纯度为 9/(9 + 0.25) = 97.3%。即纯度比原来的提高了，但却并非纯品。为了得到 A 的纯品，就需将 B 全部留在母液中，则需使用 200 mL 溶剂。这时，将有 1 g A 会留在母液中，只能得到 8.5 g A，回收率 89.5%，显然不如第（1）种情况理想。

（3）若 B 在室温下的溶解度与 A 相同，都是 0.5 g/100 mL，则也只需 100 mL 溶剂，其结果 A 的回收率与纯度皆与（1）相同。

（4）若 B 在室温下的溶解度仍与 A 相同，都是 0.5 g/100 mL，但所提供的样品中 B 的含量很高，例如 A 为 7 g，B 为 3 g，则为了将 3 g B 全部留在母液中，就需使用 600 mL 溶剂，最后结果 A 也将有 3 g 留在母液中，只能得到 4 g 纯 A，回收率仅为 57.1%。如果样品中 A、B 含量各半，则得不到纯 A。

由以上计算不难看出：① 溶剂的溶解性能是十分关键的。对杂质的溶解度大，而对被提纯物在高温下溶解度大、在低温下溶解度小的溶剂是比较理想的。② 在杂质含量很小的情况下，无论被提纯物与杂质谁的溶解度大，都可以得到较好结果；反之，若杂质含量过大，要么得不到纯品，要么因损失过大而得不偿失。

若固体中所含杂质为树脂状，在趁热过滤时会堵塞滤纸孔，增加过滤的困难，滤下的还会干扰晶体的生长。所以必须在热滤之前加入适当的吸附剂将其吸附除去。

四、溶解和分配

1. 分配和分配系数

设溶剂 A 和溶剂 B 互不相溶，而溶质 M 既可溶于 A，也可溶于 B，在 A 和 B 中的溶解度分别为 S_A 和 S_B。如果先将 M 溶于 A 中（不管是否达到饱和），然后加入 B，则 A 中的 M 将部分地转移到 B 中，当达到平衡时，M 在 A 中的浓度为 C_A，在 B 中的浓度为 C_B。只要温度不变，C_A 和 C_B 的值都不因时间的推移而改变，因而 C_A 与 C_B 的比值为一固定不变的值 K。K 称为 M 在 A 和 B 中的分配系数，即 $K = C_A/C_B$。

继续向体系中加入溶质 M，则 C_A 和 C_B 都会增大，但其比值 K 基本不变。当加至 M 在 A 和 B 中都已达到饱和时，$C_A = S_A$，$C_B = S_B$，则有

$$K = \frac{C_A}{C_B} = \frac{S_A}{S_B}$$

大量实验表明，在不同浓度下，特别是在低浓度下，C_A 与 C_B 的比值并不完全等于其溶解度的比值，但偏差很小。因此，上式仅是近似的。在实际工作中，C_A 和 C_B 具有随机性，既不可能也无必要每次都作准确测定，而 S_A 和 S_B 的值却可以很方便地从手册中查得，所以这个近似的式子在实际工作中应用广泛，被称为分配定律的表达式。

2. 液-液萃取及其计算

在上面的讨论中，溶质从一种溶剂中转移到另一种溶剂中，这个过程称为液-液萃取。从理论上讲，有限次的液-液萃取不可能把溶剂 A 中的溶质全部转移到溶剂 B 中去。而在实际工作中也只需要将绝大部分溶质转移到萃取溶剂中就可以了。经萃取后仍留在原溶液中的溶质的量可通过下面的推导求出：

设 V_A 为原溶液的体积（mL），V_B 为萃取溶剂的体积（mL），W_0 为萃取前的溶质总量（g），W_1，W_2，…，W_n 分别为经过 1 次、2 次……n 次萃取后原溶液中剩余溶质的量，则

$$\frac{C_A}{C_B} = \frac{W_1/V_A}{(W_0-W_1)/V_B} = K$$

即

$$W_1 = W_0 \frac{KV_A}{KV_A + V_B}$$

同理

$$W_2 = W_1 \frac{KV_A}{KV_A + V_B} = W_0 \left(\frac{KV_A}{KV_A + V_B}\right)^2$$

$$W_n = W_0 \left(\frac{KV_A}{KV_A + V_B}\right)^n$$

例如，15 ℃ 时正丁酸在水和苯中的分配系数 $K = 1/3$，如果每次用 100 mL 苯来萃取 100 mL 含 4 g 正丁酸的水溶液，根据以上公式可知：经过一次、二次、三次、四次、五次萃取后，水溶液中剩余的正丁酸的量分别为

$$W_1 = 4 \times \frac{\frac{1}{3} \times 100}{\frac{1}{3} \times 100 + 100} = 4 \times \frac{1}{4} = 1 \text{（g）}$$

$$W_2 = 4 \times \left(\frac{1}{4}\right)^2 = 0.250 \text{（g）}, \quad W_3 = 4 \times \left(\frac{1}{4}\right)^3 = 0.0625 \text{（g）}$$

$$W_4 = 4 \times \left(\frac{1}{4}\right)^4 = 0.016 \text{（g）}, \quad W_5 = 4 \times \left(\frac{1}{4}\right)^5 = 0.004 \text{（g）}$$

如果将 100 mL 苯分成三等份，每次用 1 份萃取上述正丁酸的水溶液，萃取三次以后水溶液中剩余正丁酸的量为

$$W_3 = 4 \times \left(\frac{\frac{1}{3} \times 100}{\frac{1}{3} \times 100 + \frac{100}{3}}\right)^3 = 4 \times \left(\frac{1}{2}\right)^3 = 0.5$$

计算结果表明：

（1）萃取次数取决于分配系数，一般情况下萃取 3~5 次就够了。如果再增加萃取的次数，被萃取物的量增加不多，而溶剂的量则增加较多，回收溶剂既耗费能源，又耗费时间，往往得不偿失。

（2）萃取效果的好坏与萃取方法关系很大。用同样体积的溶剂，分多次萃取比用全部溶剂萃取一次的效果好。但是当溶剂的总量保持不变时，萃取次数 n 增加，每次所用溶剂的体积 V_B 必然要减小。每次所用溶剂的量太少，不仅增加了操作麻烦，浪费时间，而且被萃取物的量增加甚微，同样也是得不偿失的。

3. 萃取剂的选择

理想的萃取溶剂应该具备以下条件：

（1）不与原溶剂混溶，也不形成乳浊液。

（2）不与溶质或原溶剂发生化学反应。

（3）对溶质有尽可能大的溶解度。

（4）沸点较低，易于回收。

（5）不易燃，无腐蚀，无毒或毒性很低。

（6）价廉易得。

在实际工作中能完全满足这些条件的溶剂几乎是不存在的，故只能择优选用。乙醚是最常用的普适性溶剂，可满足大多数条件，但却易燃，久置会形成爆炸性的过氧化物，吸入过多蒸气也有害人体健康。二氯甲烷与乙醚类似，不易燃，其缺点是较易与水形成乳浊液。苯已被证明具有致癌危险，除非采取了有效的预防措施，否则最好不用。戊烷、己烷毒性较小，但易燃，较昂贵，故常用较便宜的石油醚代替。此外，氯仿、二氯乙烷、环己烷等也是常用的萃取溶剂，各有优缺点。

如果溶质在原溶剂中溶解度大，而在萃取溶剂中溶解度小，则有限次的萃取难以得到满意的效果，这时可采用适当的装置，使萃取溶剂在使用后迅速蒸发再生，循环使用，称为连续萃取。

五、吸附及相关理论

1. 吸附现象和吸附力

一般情况下，固体物质的大多数分子都排列在固体的内部，它们对固体物质的整体性质具有决定性的影响。但多孔性固体、高度分散的固体由于表面展开很大，排列在表面的分子占有相当大的比例，因而表现出一些特殊的或在普通固体中并不显著的性质，其中之一就是吸附。吸附是指一种或几种物质附着在一种固体表面的现象。该固体称为吸附剂，其表面附着的物质称为被吸附物。被吸附物可以是气体或液体，也可以是溶液中的溶剂或溶质（无论该溶质独立存在时呈何物态）。

造成吸附现象的作用力称为吸附力。吸附力是多种力的复杂组合，其中最常起作用的是范德华（Van der Waals）力和偶极作用力，此外在一个具体的吸附现象中，还可能存在某种或某几种直接作用力。

如果吸附剂与被吸附物之间不形成任何化学键，这样的吸附称为物理吸附。由范德华力或偶极作用力造成的吸附都是物理吸附。纯粹由范德华力形成的吸附力很弱，具有较低的活化能（约 4.184 kJ/mol）和较小的热效应（约 20.92 kJ/mol）。当吸附剂与被吸附物都具有某种程度的极性时，由于偶极-偶极之间的作用力而形成吸附，其作用力的大小因二者的极性强弱不同而有很大差别。但即使是弱极性偶极间的作用力也比范德华力强得多。所以，在这种情况下，偶极作用力是构成吸附力的主要部分。

直接作用力是指当被吸附物分子中具有某种基团可以和吸附剂表面的一些基团形成盐或氢键或配合物时，其作用力相当于化学键的结合力，因而具有较大的活化能（21～83 kJ/mol）和较大的热效应（83～418 kJ/mol），称为化学吸附。

各种作用力强弱的大致次序是：成盐力 > 配位力 > 氢键力 > 偶极作用力 > 范德华力。

在一种具体情况下，有的作用力可能不存在。而存在的力，其强弱主次也会因情况的不同而不同，所以很难进行准确的定量计算，通常只能根据吸附剂的种类、活性级别及被吸附物的结构特征来进行宏观的定性判断。

2. 吸附剂的吸附能力

吸附剂的吸附能力强弱取决于其极性、活性和粒度等因素。由于大多数被吸附物分子都或多或少具有某种程度的极性，所以吸附剂的极性越强，吸附能力也就越强。在常用的吸附剂中，氧化铝极性最强，硅胶极性中强，氧化镁极性中等，而活性炭则是非极性吸附剂。

吸附剂的活性是其含水量的一种标度。当吸附剂含水时，其部分表面被水分子覆盖而失活，只有一部分表面起吸附作用，整体的吸附能力就会下降，因此，含水量越大，活性级别就越低。氧化铝和硅胶各分五个活性级别，其含水量列于表 2-2-1。吸附剂表面的水分子不易被其他分子"顶替"下来，要提高活性级别，只能用加热的方法把水分子"蒸发"掉，这样的过程叫做活化。但并不是所有场合都尽可能使用高活性级别的吸附剂，特别是在吸附层析中，有时低活性级别的吸附剂反而会收到更好的效果。如需降低活性级别，只需将其暴露在空气中，从空气中吸收一些水汽就可以了。

粒度是指吸附剂的颗粒大小。颗粒越小，总表面积越大，吸附能力也就越强。活性炭虽为非极性吸附剂，但由于其颗粒细小，总的吸附能力仅次于氧化铝而高于硅胶。早期是用目数来表示粒度大小的，目数是指筛分固体颗粒所用的筛子每平方厘米面积内所含的筛孔数目。目数越多，筛孔越小，筛出的颗粒也越小。近些年来直接用颗粒的平均直径来表示其大小，以 μm 为单位。例如，100 目的粒度大体与 40 μm 的粒度相当。

表 2-2-1　氧化铝和硅胶的活性级别（Brochmann 法）

含水量/%		活性级别	吸附活性
氧化铝	硅胶		
0	0	I	强
3	5	II	
6	15	III	
10	25	IV	弱
15	38	V	

吸附力的强弱不仅取决于吸附剂，也取决于被吸附物。一般地说，被吸附物极性越强，则吸附力也越强，而被吸附物的极性主要由其所带的官能团决定，各种官能团被吸附能力由弱到强的大致次序是 Cl、Br、I < C—C < OR < COOR < C—O < CHO < SH < NH$_2$ < OH < COOH。但实际上这个次序不是一成不变的，不但对于极性和非极性吸附剂有不同的次序，而且即使对于极性吸附剂，也会因种类的不同而不同。例如，常见有机液体的极性次序为：石油醚 < 环己烷 < 四氯化碳 < 三氯乙烯 < 二硫化碳 < 苯 < 1,2-二氯乙烷 < 二氯甲烷 < 氯仿 < 乙醚 < 乙酸乙酯 < 丙酮 < 乙醇 < 甲醇 < 水 < 乙酸。对于氧化铝来说，吸附力由小到大的次序为：戊烷 < 石油醚 < 己烷 < 环己烷 < 四氯化碳 < 苯 < 乙醚 < 氯仿 < 二氯甲烷 < 乙酸乙酯 < 异丙醇 < 乙醇 < 甲醇 < 乙酸。对于硅胶来说，则为环己烷 < 石油醚 < 戊烷 < 四氯化碳 < 苯 < 氯仿 < 乙醚 < 乙酸乙酯 < 乙醇 < 水 < 丙酮 < 乙酸 < 甲醇。这种次序的局部颠倒现象可能是由更复杂的原因造成的，但无论如何，从整体上讲还是有规律可循的。如果极性较小的物质先被吸附，然后加入极性较大的物质，则后者可与吸附剂形成更大的吸附力，因而可将前者"顶替"下来；反之，前者不能"顶替"后者。

六、结晶水、吸水容量和干燥效能

许多无机盐类化合物都可以吸收环境中的水或水汽，形成带有结晶水的化合物（简称水合物），一种无机盐分子能够与多少个水分子结合形成水合物、这些水合物的稳定性如何，主要由其所在环境中水的蒸气压、温度及无机盐自身的组成结构等因素决定。

当无机盐的种类一定、温度一定时，结晶水的数目主要由环境中水的蒸气压所决定。例如，在 25 ℃ 的恒温下，硫酸铜在水的蒸气压低于 107 Pa 的环境下不会形成水合物；当环境中水的蒸气压达到 107 Pa 时，开始形成一水合物，无水硫酸铜晶体与其一水合物的晶体共存。如果水的蒸气压略高于 107 Pa，只要有足够的时间，所有的无水硫酸铜晶体都将转变成它的一水合物；反之，若低于 107 Pa，则所有的一水合物都会失去结晶水。显然，化合物中的结晶水与环境中的水汽处于动态平衡之中。加大水的蒸气压，当达到 747 Pa 时，开始形成带三个结晶水的水合物，这时硫酸铜的一水合物与三水合物平衡共存。继续增大水的蒸气压，一水合物将不再存在。当增大到 1040 Pa 时开始出现五水合物，此时为五水合物与三水合物共存。当水的蒸气压高于 1040 Pa 时，体系中只有五水合物一种晶体存在。这种关系如表 2-2-2 所示。

当温度升高时，水分子的动能增加，结晶水冲破晶格束缚的倾向增大，回到晶格中去的倾向减小，所以硫酸铜的结晶水数目减少。为了保持一定数目的结晶水，要求体系中水的蒸气压更高。由表 2-2-2 可以看出，为了保持硫酸铜以一水合物的状态存在，在 25 ℃ 下只需要 107 ~ 747 Pa 的水蒸气压，而在 50 ℃ 时则需要 600 ~ 4120 Pa。反过来，如果想以生成结晶水的方法"吸收"掉体系中的水分，从而达到除水的目的，则温度越低越好。因为生成相同数目的结晶水，在较低温度下可使体系内水的蒸气压更低，即体系内残余的游离态水分子更少。

表 2-2-2　温度及体系中水的蒸气压对硫酸铜结晶水数目的影响

硫酸铜的存在状态	25 ℃ 下环境中水的蒸气压/Pa	50 ℃ 下环境中水的蒸气压/Pa
$CuSO_4$（无水）	$p < 107$	$p < 600$
$CuSO_4 + CuSO_4 \cdot H_2O$	$p = 107$	$p = 600$
$CuSO_4 \cdot H_2O$	$107 < p < 747$	$600 < p < 4120$
$CuSO_4 \cdot H_2O + CuSO_4 \cdot 3H_2O$	$p = 747$	$p = 4120$
$CuSO_4 \cdot 3H_2O$	$747 < p < 1040$	$4120 < p < 6053$
$CuSO_4 \cdot 3H_2O + CuSO_4 \cdot 5H_2O$	$p = 1040$	$p = 6053$
$CuSO_4 \cdot 5H_2O$	$p > 1040$	$p > 6053$

为什么硫酸铜可以生成一个、三个、五个结晶水的水合物，而不能形成两个或四个结晶水的水合物呢？一般认为在硫酸铜的结晶水中，有一个水分子是通过氢键与硫酸根离子相结合的，称为"阴离子结晶水"，其结构为

$$\left[\begin{matrix} O \\ S \\ O \end{matrix} \begin{matrix} O-H \\ \\ O-H \end{matrix} \begin{matrix} \\ O \\ \\ O \end{matrix} \right]^{2-}$$

而其余结晶水则是与铜阳离子配位结合的。所以 $CuSO_4 \cdot 5H_2O$ 也可以写成：$[Cu(H_2O)_4][SO_4(H_2O)]$。这个"阴离子结晶水"以两个氢键与硫酸根相连，结合力较强，较易形成而较难失去。Cu^{2+} 的常见配位数是 2 和 4，当配位数为 4 时为平面正方形结构，不稳定，所以 $[Cu(H_2O)_4]^{2+}$ 易失去两个配位的水分子而形成稳定性稍大的 $[Cu(H_2O)_2]^{2+}$。这样从水合物的整体上看，也就是五水合物易于失去两分子结晶水而形成较稳定的三水合物；但三水合物还是远不如一水合物稳定，在空气中将水合硫酸铜加热至 100 ℃，则只有一水合物仍然存在；如果环境中水的蒸气压太低或温度太高，则一水合物也会失去其结晶水。

第三章 有机化学实验的基本装置和基本操作

第一节 晶体化合物的熔点测定

一、测定熔点的作用

晶体化合物的熔点测定是有机化学实验中的重要基本操作之一，准确测定晶体化合物的熔点具有以下作用：

（1）粗略地鉴定晶体样品

当一种晶体可能为 A，也可能为 B 时，只要准确测定其熔点，再与文献记载的 A、B 的熔点相比较，大体上可以确定该晶体是 A 或是 B。

（2）定性地确定化合物是否纯净。纯净的晶体化合物都具有固定而敏锐的熔点，当其中混有杂质时，其熔点会下降且熔程变长。因此准确测定晶体样品的熔点，将测得的数据与文献记载的标准数据相比较。如果相符，则说明样品是纯净的；如果低于文献值，则说明样品不纯净。

（3）确定两个晶体样品是否为同一化合物。同一种纯净的晶体化合物，其熔点是固定不变的，但不同种的晶体化合物也可能具有相同或非常相近的熔点。如果将两个不同的晶体样品混合研细，即相当于在一种晶体中掺入了杂质，会造成熔点降低和熔程拉长。如将两种晶体按不同的比例（通常为 1∶9，1∶1 和 9∶1 三种比例）混合研细，测定熔点，若测定结果相同，则说明该两种晶体为同一化合物，若测定结果比单一晶体的熔点低，则说明该两种晶体是不同的化合物。

二、测定熔点的方法

测定熔点的装置和方法多种多样，大体上可分为两类：一类是毛细管法，另一类是显微熔点测定法。毛细管法是一种古老而经典的方法，具有简单方便的优点，其缺点是在测定过程中看不清可能发生的晶形变化。毛细管法测定熔点，是将晶体样品研细后装入特制的毛细管中，将毛细管粘在温度计上，使装有样品的一端与温度计的水银球相平齐。将温度计插入某种载热液体中，加热载热液，观察样品及温度的变化，记下晶体熔化时的温度，即为该样品的熔点。

毛细管法测定熔点所用的装置也有多种，图 3-1-1 列出了其中的几种。

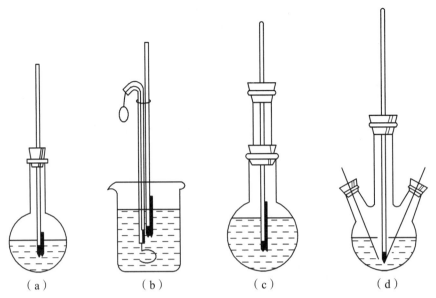

图 3-1-1 毛细管法测定熔点的几种装置

图 3-1-1（a）为最简单的无搅拌装置。（b）为带有搅拌的简单装置，使用时用手指勾住吊环一拉一松，吊环上的细线即带动搅拌棒上下运动，起到搅拌作用。（c）为双浴式装置，温度计插入内管中，加热外面的浴液即可使内管均匀受热。内管中可装入少量浴液，也可以不装浴液，以受热的空气浴加热。（d）为可以同时插入两根毛细管的装置。图（a），（c），（d）中的塞子都应带有切口或锉有侧槽，以免造成密闭系统，在加热时发生危险。

测定熔点所用的载热液体，应具有沸点较高、挥发性小、在受热时较为稳定等特点。常用的载热液有：

（1）浓硫酸。价廉易得，适用范围 220 ℃ 以下，更高温度下会分解放出三氧化硫。缺点是易于吸收空气中的水分而变稀，所以每次使用后需用实心塞子塞紧容器口放置。

（2）磷酸。适用范围 300 ℃ 以下。

（3）浓硫酸与硫酸钾的混合物。当浓硫酸与硫酸钾的比例为 7∶3 或 5.5∶4.5 时适用范围为 220～320 ℃，当比例为 6∶4 时，可测至 365 ℃。但这些混合物在室温下过于黏稠或呈半固态，因而不适用于测定熔点较低的样品。

此外也可用石蜡油或植物油作为载热液，其缺点是长期使用易变黑。硅油无此缺点，但较昂贵。

第二节　蒸　馏

一、简单蒸馏

将液体加热汽化，同时使产生的蒸气冷凝液化并收集的联合操作过程叫作简单蒸馏或普通蒸馏，简称蒸馏。简单蒸馏是有机化学实验中最重要的基本操作之一，在实验室和工业生产中都有广泛的应用。其主要作用是：

（1）分离沸点相差较大（通常要求相差 30 ℃ 以上）且不能形成共沸物的液体混合物。

（2）除去液体中的少量低沸点或高沸点杂质。

（3）测定液体的沸点。

（4）根据沸点变化情况粗略鉴定液体的种类和纯度。

但简单蒸馏的分离效果有限，不能用以分离沸点相近的液体混合物，也不能把共沸混合物中各组分完全分开。

1. 简单蒸馏的仪器选择

实验室中常用的简单蒸馏装置如图 3-2-1 所示，由热源、热浴、蒸馏瓶、蒸馏头、温度计、冷凝管、尾接管和接收瓶组成。

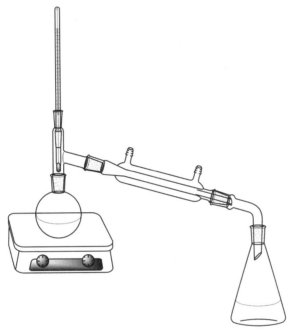

图 3-2-1 简单蒸馏装置

蒸馏瓶是根据待蒸液体的量来选择的，通常使待蒸液体的体积不超过蒸馏瓶容积的 2/3，也不少于 1/3。如果装得太多，沸腾激烈时液体可能冲出，同时混合液体的小液滴也可能被蒸气带出，混入馏出液中，降低分离效率；如果装入的液体太少，在蒸馏结束时，过大的蒸馏瓶中会容纳较多的气雾，相当于有一部分物料不能蒸出而使产品受到损失。

蒸馏头有传统型和改良型两种。传统型蒸馏头的支管直接从主管管体向斜下方伸出，与主管成约 70° 的角；改良型蒸馏头的支管先向斜上方伸出，然后再拐向斜下方，因而在加入液体时可避免液体沿内壁流进支管。但它们在应用性能上并无差别，因而不需特意选择。

温度计的选择应使其量程高于被蒸馏物的沸点至少 30 ℃。

冷凝管也是根据被蒸馏物的沸点选择的，同时适当考虑被蒸馏物的含量。通常低沸点、高含量的液体选用粗而长的冷凝管；高沸点、低含量的液体则选用细而短的冷凝管。被蒸馏物的沸点在 140 ℃ 以上选用空气冷凝管；在 140 ℃ 以下则选用直形冷凝管。如果被蒸馏的沸点很低，也可选用双水内冷冷凝管，但一般不使用蛇形的或球形的冷凝管，如果必须使用，则应将蛇形或球形冷凝管竖直安装，而不能像直形冷凝管那样倾斜安装。

接收瓶可选用圆底瓶或锥形瓶，其大小取决于馏出液体的体积。如果蒸馏的目的仅在于除去液体中的少量杂质，或者为了从互溶的二元体系中分离出它的低沸点组分，则至少应准备两个接收瓶；如果是为了从三元体系中分离出沸点较低的两个组分，则至少应准备三个接收瓶，依此类推。接收瓶应洁净、干燥，预先称重并贴上标签，以便在接收液体后计算液体的质量。

2. 简单蒸馏的装置安装

在安装简单蒸馏装置时，将已经选择好的仪器按照热源、热浴、蒸馏瓶、蒸馏头、温度计、冷凝管、尾接管、接收瓶的次序依次安装，简单地说就是自下而上、自左而右（或自右而左）地安装。各仪器接头处要对接严密，确保不漏气，同时又要使磨口不受侧向应力。

温度计的安装高度应使其水银球在蒸馏过程中刚好全部浸没于气雾之中。为此，在传统型蒸馏头上安装的温度计高度应使其水银球的上沿与蒸馏头支管口的下沿在同一水平线上，如图 3-2-1 所示；在改良型蒸馏头上安装的温度计高度应使其水银球的上沿与蒸馏头支管拐点的下沿在同一水平线上。

冷凝管（除空气冷凝管外）的安装应使其进水口处于最低位置，出水口处于最高位置，以使其夹套能够全部被水充满。

热源和接收瓶这两端只允许垫高一端，不允许两端同时垫高。

安装好的装置，其竖直部分应垂直于实验台面，全部仪器的中轴线应处在同一平面内，且该平面与实验台的边缘平行，做到既实用，又整齐。如果在同一张实验台上同时安装两台或多台简单蒸馏装置，则各台装置应当"头对头"或"尾对尾"地安装，一般不许首尾相接，以免一台装置的尾气放空处距另一台装置的火源太近而发生危险。

二、分　馏

利用分馏柱将液体混合物各组分分离开来的操作称为分馏。分馏是分离沸点相近的液体混合物的主要手段，特别是当需要分离的混合物量较大时，往往是其他方法所不能代替的，因而在实验室和工业生产中都有广泛的应用。分馏可根据其分离效果优劣粗略地分为简单分馏和精密分馏两大类。

1. 简单分馏

（1）简单分馏柱

图 3-2-2 是实验室中常用的几种简单分馏柱，其中图（a）称为韦氏分馏柱（Vigreux column）。它是一支带有数组向心刺的玻璃管，每组有三根刺，各组间呈螺旋状排列。优点是不需要填料，分馏过程中液体极少在柱内滞留，易装易洗；缺点是分离效率不高，一般为 2～3 个理论塔板数，HETP 为 7～10 cm，随柱的尺寸不同而不同。图（b）是装有填料的分馏柱，直径 1.5～3.5 cm，管长根据需要而定。图（c）是（b）的一种改良，它由克氏蒸馏头附加一根指形冷凝管组成。调节指形冷凝管的位置和水流速度，可以粗略地控制回流比，提高分离效率，但一定要控制加热速度，防止液泛。图（b）（c）中的两种分馏柱的填料可以是玻璃珠、6 mm × 6 mm 的玻璃管、玻璃环及金属丝绕成的小螺旋圈等。选择哪一种填料，视分馏的要求而定。

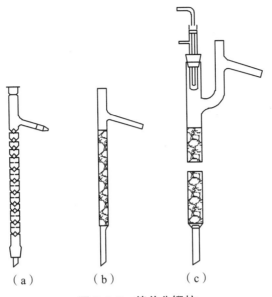

图 3-2-2　简单分馏柱

（2）简单分馏操作

　　简单分馏操作和简单蒸馏大致相同。将待分馏的混合物放入圆底烧瓶中，加入沸石，装上普通分馏柱，插上温度计。分馏柱的支管和冷凝管相连（图 3-2-3），必要时可用石棉绳包绕分馏柱保温。温度计的安装高度应使其水银球的上沿与分馏柱支管口下沿在同一水平线上。

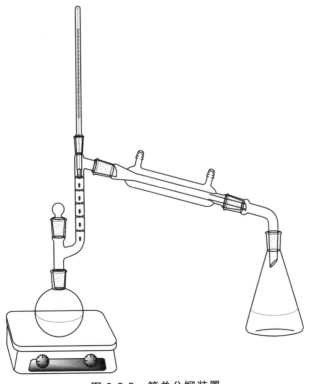

图 3-2-3　简单分馏装置

选用合适的热浴加热，液体沸腾后注意调节浴温，使蒸气慢慢升入分馏柱，约 10 min 后蒸气到达柱顶。开始有液体馏出时，调节浴温，使蒸出液体的速度控制在 2 ~ 3 s 一滴，这样可以得到比较好的分馏效果。观察柱顶温度的变化，收集不同的馏分。

三、减压蒸馏

减压蒸馏，也称真空蒸馏（Vacuum distillation）是实验室中常用的基本操作之一。由于在减压条件下液体的沸点降低，故减压蒸馏主要应用于以下情况：

（1）纯化高沸点液体。

（2）分离或纯化在常压沸点温度下易于分解、氧化或发生其他化学变化的液体。

（3）分离在常压下因沸点相近而难于分离，但在减压条件下可有效分离的液体混合物。

（4）分离纯化低熔点固体。

1. 真空度的选择和测量

减压蒸馏就是从蒸馏系统中连续地抽出气体，使系统内维持一定的真空度。根据真空度的高低有粗真空、中度真空和高真空之分。为获得和测量不同的真空度，所使用的仪器仪表也不相同。减压蒸馏并不要求使用尽可能高的真空度，这不仅因为高真空对仪器仪表和操作技术的要求都很精密、严格，还因为在高真空条件下液体的沸点降得太低，冷凝和收集其蒸气就变得很麻烦。所以凡是较低的真空度可以满足要求时，就不追求更高的真空度。减压蒸馏所选择的工作条件通常是使液体在 50 ~ 100 °C 沸腾，再据以确定所需用的真空度。这样对热源无苛刻的要求，蒸气的冷凝也不困难。如果所用真空泵达不到所需真空度，当然也可以让液体在 100 °C 以上沸腾。如果液体对热很敏感，则应使用更高的真空度，以便使其沸点降得更低一些。从这些原则出发，绝大多数有机液体都可以在粗真空或中度真空的条件下，在不太高的温度下被蒸馏出来。事实上，在有机化学实验中需要使用高真空的情况很少。本节只介绍粗真空和中度真空的测量和应用。

粗真空和中度真空在传统上都是用水银压力计来测量的，图 3-2-4 所示为几种常用的水银压力计。其中图（a）（b）（c）都是根据装在玻璃管中的汞柱的高度来读数的，因而读得的数值单位为毫米汞柱（mmHg），必要时可再换算成目前国际上通用的压强单位帕斯卡（1 mmHg = 133.322 Pa）。

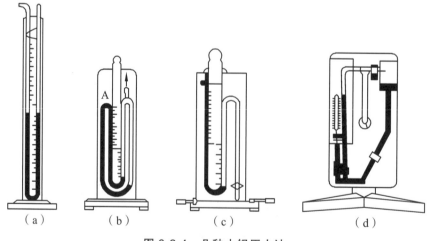

（a）　　　　　（b）　　　　　（c）　　　　　（d）

图 3-2-4　几种水银压力计

图 3-2-4（a）为开口式水银压力计，它是一支两端开口的"U"形玻璃管，内装水银。工作时与真空系统相连的一端液面上升，另一端液面下降。两液面的高度差即为大气压与系统压强之差，用大气压减去这个差值即得系统内的压强。由于在测定时大气的压强可能并非一个标准大气压，所以必要时还需用大气压力计校正。开口式压力计两臂长度均需超过760 mm，装载水银较多，因而比较笨重；由于开口，水银蒸气易逸散到空气中去，较不安全；读得的数字需再进行一次计算，才能得到系统内的压强，还需与大气压力计配合使用，因而比较麻烦。其最大优点是量压准确，此外，装水银也较容易。图（b）为封闭式水银压力计。它是玻璃管弯制的双"U"形管，接入真空系统后，汞柱从 A 处断开，左边两管中汞面下降，汞面上压强为零；右边两管汞面上升，汞面上压强等于系统内压强，因此，读出中间两管的液面高度之差，即为系统内压强。其优点是短小方便，较为安全，可直接读出系统内压强；缺点是装汞较麻烦，如果汞内混有少许空气，则平时必以小气泡形式集于 A 处，当汞柱从 A 处断开后，左边两管液面上的压强不为零，所以读得的数据不准确。此外，由于每管的长度一般都在 20 cm 以下，所以较低的真空度不能读出。图（c）为改进的封闭式压力计，它相当于图（b）的中间两管所组成的"U"形管，其工作原理与优缺点大致与图（b）相同。图（d）为转动式麦氏真空规，是用来测量较高真空度的压力表，适用范围为 $10^{-2} \sim 10^{-6}$ mmHg，应用十分方便，测量真空快而简单。但使用时应该注意以下几点：

（1）看真空度读数时应先开启连接真空系统的活塞，稍等一会儿再将压力表徐徐旋转至直立状，注意旋转不能过快。

（2）比较毛细管水银应升至零点。

（3）看完读数后应将压力表立即徐徐恢复横卧式，再看时再旋转。

（4）不看时应关闭通真空系统的活塞。

除水银压力表外，还有热偶式真空表、热导真空表、阻尼真空表和电离真空表等，由于它们不是从汞柱的高度差读数，而是从指针的偏转程度读数，所以精确度很高，可达 10^{-6} Pa；但较低的真空度不能读出。

由于汞蒸气有毒（虽然在常温下蒸气压很低），近年来机械真空表和电子真空表的应用日趋广泛。最常见的机械真空表为医用真空表，它简单、轻便、价廉，从指针的偏转角度读数，量程为 0～0.1 MPa，读得的数据为被泵抽去的压强，用大气压减去读数即得系统内的压强，因而需与大气压力计一起使用。它的主要缺点是刻度过于粗略，精确度不高。

四、水蒸气蒸馏

1. 水蒸气蒸馏（steam distillation）

水蒸气蒸馏是分离纯化液体或固体化合物的常用方法之一，此法常用于以下几种情况：

（1）从大量树脂状杂质或不挥发性杂质中分离有机物。

（2）除去不挥发性的有机杂质。

（3）从较多固体反应混合物中分离被吸附的液体产物。

（4）水蒸气蒸馏常用于蒸馏那些沸点很高且在接近或达到沸点温度时易分解、变色的挥发性液体或固体有机物，除去不挥发性的杂质。

（5）被提取物不溶或难溶于水。

（6）被提取物在沸腾下与水不发生化学反应。

（7）在 100 ℃ 左右时，该化合物至少具有 1.33 kPa 以上的蒸气压。

2. 水蒸气蒸馏的装置

水蒸气蒸馏有多种装置，但都是由水蒸气发生器和蒸馏装置两部分组成的，这两部分通过 T 形管相连接。图 3-2-5 为目前实验室中最常用的一种水蒸气蒸馏装置。

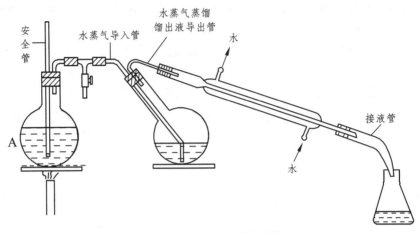

图 3-2-5　水蒸气蒸馏装置

（1）水蒸气发生器。A 为水蒸气发生器。通常是用铜皮或薄铁板制成的圆筒状釜，釜顶开口，侧面装有一根竖直的玻璃管，玻璃管两端与釜体相连通，通过玻璃管可以观察釜内的水面高低，称为液面计。另一侧面有蒸气的出气管。釜顶开口中插入一根竖直的玻璃管，其下端插至接近釜底，称为安全管。根据安全管内水面的升降情况，可以判断蒸馏装置是否堵塞。实验室内若无水蒸气发生器，也可以用大圆底烧瓶代替，一般盛水量以容量的 2/3 为宜，其安装如图 3-2-5 所示。

（2）T 形管。T 形管是直角三通管，在一直线上的两管口分别与水蒸气发生器和蒸馏装置相连，第三口向下安装。在安装时应注意使靠近蒸馏瓶的一端稍稍向上倾斜，而靠近水蒸气发生器的一端则稍稍向下倾斜，以便蒸气在导气管中受冷而凝成的水能流回水蒸气发生器中而不是流入蒸馏瓶中，这样可以避免蒸馏瓶中积水过多。此外应注意使蒸气的通路尽可能短一些，即导管及连接的橡皮管尽可能短一些，以免水蒸气在进入蒸馏瓶之前过多地冷凝。T 形管向下的一端套有一段橡皮管，橡皮管上配以弹簧夹。打开弹簧夹即可放出在导气管中冷凝下来的积水。在蒸馏结束或需要中途停顿时打开弹簧夹，可使系统内外压力平衡，以避免蒸馏瓶内的液体倒吸入水蒸气发生器中。

五、回　流

将液体加热汽化，同时将蒸气冷凝液化并使之流回原来的器皿中重新受热汽化，这样循环往复的汽化-液化过程称为回流。回流是有机化学实验中最基本的操作之一，大多数有机化学反应都是在回流条件下完成的。回流液本身可以是反应物，也可以是溶剂。当回流液为溶剂时，其作用在于将非均相反应变为均相反应，或为反应提供必要而恒定的温度，即回流液的沸点温度。此外，回流也应用于某些分离纯化实验中，如重结晶的溶样过程、连续萃取、分馏及某些干燥过程等。

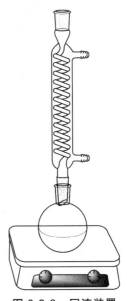

图 3-2-6　回流装置

回流的基本装置如图 3-2-6 所示，由热源、热浴、烧瓶和回流冷凝管组成。烧瓶可为圆底瓶、平底瓶、锥形瓶、梨形瓶或尖底瓶。烧瓶的大小应使装入的回流液体积不超过其容积的 3/4，也不少于 1/4。冷凝管可根据回流液的沸点由高到低分别选择空气、直形、球形、蛇形或双水内冷冷凝管。各种冷凝管所适用的温度范围尚无严格的规定，但由于在回流过程中蒸气的升腾方向与冷凝水的流向相同（即不符合"逆流"原则），所以冷却效果不如蒸馏时的冷却效果好。为了能将蒸气完全冷凝下来，需要提供较大的内外温差，所以空气冷凝管一般应用于 160 ℃ 以上，直形冷凝管应用于 100 ~ 160 ℃，球形冷凝管应用于 50 ~ 160 ℃，蛇形冷凝管应用于 50 ~ 100 ℃，更低的温度则使用双水内冷冷凝管。由于球形冷凝管适用的温度范围最宽广，所以通常把球形冷凝管叫做回流冷凝管。除了冷凝管的种类外，其长度、水温、水速也是决定冷凝效果的重要因素，所以应根据具体情况灵活选择。

常见的球形冷凝管有 4 ~ 9 个球泡，其中以五球和六球冷凝管最为常用。使用时以蒸气气雾（即 "回流圈"）的高度不超过两个球泡为宜。在使用其他类型的冷凝管时，应控制蒸气气雾的上升高度不超过冷凝管有效冷凝长度的 1/3。

回流装置应自下而上依次安装，各磨口对接时应同轴连接，严密、不漏气、不受侧向作用力，但一般不涂凡士林，以免其在受热时熔化流入反应瓶。如果确需涂凡士林或真空脂，应尽量少涂、涂匀并旋转至透明均一。安装完毕后可用三角漏斗从冷凝管的上口或三口瓶侧口加入回流液。固体反应物应事前加入瓶中，如装置较复杂，也可在安装完毕后卸下侧口上的仪器，投料后投入几粒沸石，重新将仪器装好。开启冷却水（冷却水应自下而上流动），即可开始加热。液体沸腾后调节加热速度，控制气雾上升高度，使其在冷凝管有效冷凝长度的 1/3 处稳定下来。回流结束，先移去热源、热浴，待冷凝管中不再有冷凝液滴下时关闭冷却水，拆除装置。

当回流与搅拌联用时不加沸石。如无特别说明，一般应先开启搅拌，待搅拌转动平稳后再开启冷却水，点火加热。在结束时应先撤去热源、热浴，再停止搅拌，待不再有冷凝液滴下时关闭冷却水。

第三节　重结晶

用适当的溶剂把含有杂质的晶体物质溶解，配制成接近沸腾的浓热溶液，趁热滤去不溶性杂质，使滤液冷却析出结晶，滤集晶体并干燥的联合操作过程叫做重结晶（recrys-tallization）

或再结晶，有时也简称结晶。重结晶是纯化晶态物质普适的、最常用的方法之一。当晶态物质数量巨大时，重结晶在实际操作中是唯一的纯化方法。重结晶的操作步骤如下。

一、选择溶剂

从文献查出的溶解度数据或从被提纯物结构导出的关于溶解性能的推论都只能作为选择溶剂的参考，溶剂的最后选定还是要靠试验。选择溶剂的试验方法如下。

1. 单一溶剂的选择

取 0.1 g 样品置于干净的小试管中，用滴管逐滴滴加某一溶剂，并不断振摇，当加入溶剂的量达 1 mL 时，可在水浴上加热，观察溶解情况。若该物质（0.1 g）在 1 mL 冷的或温热的溶剂中很快全部溶解，说明溶解度太大，此溶剂不适用。如果该物质不溶于 1 mL 沸腾的溶剂中，则可逐步添加溶剂，每次约 0.5 mL，加热至沸。若加溶剂量达 4 mL，而样品仍然不能全部溶解，说明此溶剂对该物质的溶解度太小，必须寻找其他溶剂。若该物质能溶于 1~4 mL 沸腾的溶剂中，冷却后观察结晶析出情况，若没有结晶析出，可用玻璃棒擦刮管壁或者辅以冰盐浴冷却，促使结晶析出。若晶体仍然不能析出，则此溶剂也不适用。若有结晶析出，还要注意结晶析出量的多少，并要测定熔点，以确定结晶的纯度。最后综合几种溶剂的实验数据，确定一种比较适宜的溶剂。这只是一般的方法，实际情况往往复杂得多，选择一种合适的溶剂需要进行多次反复的试验。

2. 混合溶剂的选择

（1）固定配比法。将良溶剂与不良溶剂按各种不同的比例混合，分别用与单一溶剂同样的方法试验，直至选出一种最佳的配比。

（2）随机配比法。先将样品溶于沸腾的良溶剂中，趁热过滤除去不溶性杂质，然后逐滴滴入热的不良溶剂并摇振之，直至浑浊不再消失为止。再滴加少许良溶剂并加热使之溶解变澄清，放置冷却使结晶析出。如冷却后析出油状物，则需调整两种溶剂的比例再进行试验或另换别的混合溶剂。

二、溶　样

溶样亦称热溶或配制热溶液。溶样的装置因所用溶剂不同而不同。用有机溶剂进行重结晶时，使用回流装置。将样品置于圆底烧瓶或锥形瓶中，加入比需要量略少的溶剂，投入几粒沸石，开启冷凝水，开始加热并观察样品溶解情况。沸腾后用滴管自冷凝管顶端分次补加溶剂，直至样品全溶。此时若溶液澄清透明，无不溶性杂质，即可撤去热源，室温放置，使晶体析出；若有不溶性杂质，则补加适量溶剂，继续加热至沸后，在热水漏斗中使用短而粗的玻璃漏斗趁热过滤，过滤使用菊花形滤纸；若溶液中含有有色杂质或树脂状物质，则需补加适量溶剂，并加入活性炭，煮沸 5 min 左右脱色，然后趁热过滤。活性炭的用量一般为固体粗产物的 1%~5%。

在以水为溶剂进行重结晶时，可以用烧杯溶样，隔着石棉网加热，其他操作同前，只是需估计并补加因蒸发而损失的水。如果所用溶剂是水与有机溶剂的混合溶剂，则按照有机溶剂处理。在溶样过程中应注意以下问题：

（1）若溶剂的沸点高于样品的熔点，则一般不可加热至沸，而应使样品在其熔点温度以下溶解，否则在滤液冷却结晶过程中会析出油状物。当以水为溶剂时，虽然样品的熔点高于100 ℃，有时也会在溶样过程中出现油状物，这是由于样品与杂质形成了低共熔物，只需继续加水即可溶解，而且不会在滤液冷却结晶过程中出现油状物，所以对油状物应根据具体情况具体处理。

（2）溶剂的用量应适当。如不需要热过滤，则溶剂的用量以恰能溶完溶质为宜。如需要热过滤，则应使溶剂适当过量。过量的目的在于避免在热过滤过程中因溶液冷却、溶剂挥发、滤纸吸附等因素造成晶体在滤纸上或漏斗颈中析出。过量多少也应根据具体情况而定。如果样品在该溶剂中很易析出，则应过量多一些；如果样品在该溶剂中析出较慢，则只需稍微过量即可。当不知道晶体是否易于析出时，一般过量 20%左右。

（3）在实际操作中究竟是样品尚未溶完，还是其中含有不溶性杂质往往难于判断。遇到难于判断的情况时可先将热溶液过滤，再收集滤渣加溶剂热溶，然后再次热过滤。将两份滤液分别放置冷却，观察后一份滤液中是否有晶体析出。如有，则说明原来溶样时溶剂用量不足或需要更长时间才能溶完；如不析出结晶，则说明样品中含有较多不溶性杂质。

三、脱　色

向溶液中加入吸附剂并适当煮沸，使其吸附掉样品中的有色杂质的过程叫脱色。最常用的脱色剂是活性炭，其用量视杂质多少而定，一般为粗样品重量的 1% ~ 5%。如果一次脱色不彻底，可再进行第二次脱色，但脱色剂不宜过多使用，以免样品损耗过多。脱色剂应在样品溶液稍冷后加入，不允许将脱色剂加到正在沸腾的溶液中去，否则会引起暴沸甚至造成起火燃烧。

加入脱色剂后可煮沸数分钟，同时将烧瓶连同铁架台一起轻轻摇动，如果是在烧杯中用水作溶剂时可用玻璃棒搅拌，以使脱色剂迅速分散开。煮沸时间过长，脱色效果往往反而不好，因为在脱色剂表面存在溶质、溶剂和杂质的吸附竞争，溶剂虽然在竞争中处于不利地位，但其数量巨大，煮沸过久会使较多的溶剂分子被吸附，从而使脱色剂对杂质的吸附能力下降。

第四节　升　华

通俗地讲，升华是指固态物质不经过液态直接转变为气态的物态变化过程。严格地讲，升华是指固态物质在其压强等于外界压强的条件下，不经液态直接转变为气态的物态转变过程。当外界压强为 10^5 kPa 时称为常压升华，低于该数值时称为减压升华或真空升华。升华是纯化固态物质的方法之一，但由于它要求被提纯物在其熔点温度下具有较高的蒸气压，故仅适用于一部分固体物质，而不是纯化固体物质的通用方法。

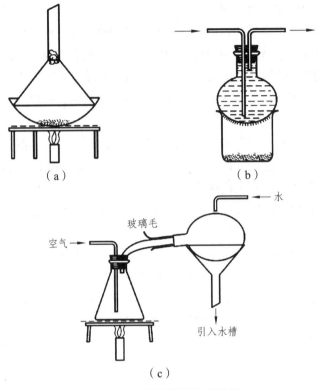

图 3-4-1　几种常压升华装置

一、常压升华

常压升华的装置多种多样。图 3-4-1 所示的是几种用沙浴加热的常压升华装置。其中图（a）是在铜锅中装入沙子，将装有被升华物的蒸发皿放在沙子中，皿底沙层厚约 1 cm，将一张穿有许多小孔的圆滤纸平罩在蒸发皿中，距皿底 2～3 cm，滤纸上倒扣一个大小合适的玻璃三角漏斗，漏斗颈上用一小团脱脂棉松松地塞住。温度计的水银泡应插到距锅底约 1.5 cm处并尽量靠近蒸发皿底部。加热铜锅，慢慢升温，被升华物气化，蒸气穿过滤纸在滤纸上方或漏斗内壁结出晶体。升华完成后熄灭火焰，冷却后小心地用小刀刮下晶体即得升华产品。需要注意的是，沙子传热慢，温度计上的读数与被升华物实际感受到的温度有较大的差异，因而仅可作为参考。如无铜锅，也可在石棉网上铺一层 1～2 mm 厚的细沙，将升华器皿放在沙层上，如图（b）和（c）所示。这样的装置不能插温度计，因而需十分小心地缓慢加热，密切注视蒸气上升和结晶情况，勿使被升华物熔融或烧焦。

二、减压升华

图 3-4-2 为常见的减压升华装置。它们都是在放置待升华固体的容器内插入一根冷凝指，

冷凝指可通入冷水冷却，也可鼓入冷空气冷却，或者直接放入碎冰冷却。用热浴加热的同时对体系抽气减压，固体即在一定真空度下升华。如有必要，也可将这些装置进一步改进，在减压的同时用毛细管鼓入惰性气体，使之带出升华物的蒸气以加速升华，但以不影响系统的真空度为限。减压升华的后段处理与常压升华相同。

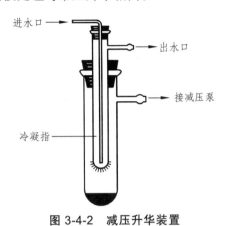

图 3-4-2　减压升华装置

第五节　萃　取

使溶质从一种溶剂中转移到与原溶剂不相混溶的另一种溶剂中，或使固体混合物中的某种或某几种成分转移到溶剂中去的过程称为萃取，也称提取。萃取是有机化学实验室中富集或纯化有机物的重要方法之一。以从固体或液体混合物中获得某种物质为目的的萃取常称为抽提，而以除去物质中的少量杂质为目的的萃取常称为洗涤。被萃取的物质可以是固体、液体或气体。依据被提取对象的状态不同而有液-液萃取和固-液萃取之分，依据萃取所采用的方法不同而有分次萃取和连续萃取之分。

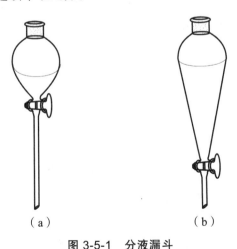

（a）　　　　　　　　　　（b）

图 3-5-1　分液漏斗

实验室中液-液分次萃取的仪器是分液漏斗（图 3-5-1）。其中图（a）为球形分液漏斗，图（b）为长梨形分液漏斗。漏斗越长，摇振之后分层所需的时间也越长。当两液体密度相近时，采用球形分液漏斗较为适宜，但球形分液漏斗在分液时液面中心会下陷呈旋涡状，且两液层的界面中心也会下陷，因而不易将两液层完全分开，故当界面下降至接近活塞时，放出液体的速度必须非常缓慢。长梨形分液漏斗由于锥角较小，一般无此缺点。

萃取时选用的分液漏斗的容积应为被萃取液体体积的 2～3 倍，仔细检查其下部活塞是否配套，摇摇时是否漏气或渗液。检查完毕后小心涂上真空脂或凡士林，向一个方向旋转至透明。分液漏斗顶部的塞子不涂凡士林，只要配套不漏气即可。将分液漏斗架在铁圈上，关闭下部活塞，加入被萃取溶液，再加入萃取剂（一般为被萃取溶液体积的 1/3 左右），总体积不得超过分液漏斗容积的 3/4。塞上顶部塞子（较大的分液漏斗塞子上有通气侧槽，漏斗颈部有侧孔，应稍微旋动，使通气槽与侧孔错开）。取下分液漏斗，用右手手掌心顶紧漏斗上部的塞子，手指弯曲抓紧漏斗颈部（若漏斗很小，也可抓紧漏斗的肩部），以左手托住漏斗下部将漏斗放平，使漏斗尾部靠近活塞处枕在左手虎口上，并以左手拇指、食指和中指控制漏斗的活塞，使其可随需要转动，如图 3-5-2 所示。然后将左手抬高使漏斗尾部向上倾斜并指向无人的方向，小心旋开活塞"放气"一次，关闭活塞轻轻振摇后再"放气"一次，并重复操作。当使用低沸点溶剂，或用碳酸氢钠溶液萃取酸性溶液时，漏斗内部会产生很大的气压，及时放出这些气体尤其重要，否则，漏斗内部压力过大，会使溶液从玻璃塞子边渗出，甚至可能冲掉塞子，造成产品损失或打掉塞子。特别严重时会造成事故。每次"放气"之后，要注意关好活塞，再重复振摇。振摇的目的是增加互不相溶的两相间的接触面积，使在短时间内达到分配平衡，以便提高萃取效率。因此振摇应该剧烈（对于易汽化的溶剂，开始振摇时可以稍缓和些）。振摇结束时，打开活塞最后一次"放气"，然后将漏斗重新放回铁圈上。旋转顶部塞子，使通气槽对准小孔，静置分层。分层后，若有机物在下层，打开活塞将其放入干燥的锥形瓶中（应少放出半滴），而上层水相则应从漏斗的上口倒出；如果有机层在上层，打开活塞缓慢放出水层（可多放出半滴），从上口将有机溶液倒入干燥的锥形瓶中。如果下层放得太快，漏斗壁上附着的一层下层液膜来不及随下层分出，所以应在下层将要放完时，关闭活塞静置几分钟，滤除干燥剂后再重新打开活塞分液，特别是最后一次萃取更应如此。萃取结束后，将所有的有机溶液合并，加入适当的干燥剂干燥，滤除干燥剂后蒸去溶剂。萃取所得到的有机化合物可根据其性质，利用其他方法进一步纯化。

图 3-5-2　分液漏斗的握持方法

一般情况下，液层分离时密度大的溶剂在下层，有关溶剂密度的知识可用来鉴定液层。但也有例外，因为溶质的性质及浓度可能使两种溶剂的相对密度颠倒过来，所以要特别留心。为保险起见，最好将两液层都保留，直至对每一液层确认无误为止。否则可能误将所需的液层弃去，造成实验失败。

如果遇到两液层分辨不清，可用简便方法检定：在任一层中取少量液体加入水，若不分层说明取液的一层为水层，否则为有机层。

在萃取操作中，有时会遇到水层与有机层难以分层的现象（特别是当萃取液呈碱性时，常常出现乳化现象，难以分层）。此时，应认真分析原因，采取相应的措施：

（1）若萃取溶剂与水层的密度较接近，可能出现难以分层的现象。在这种情况下，只要加入一些溶于水的无机盐，增大水层的密度，即可迅速分层。此外，用无机盐（通常用氯化钠）使水溶液饱和后，能显著降低有机物在水中的溶解度，明显提高萃取效果。这就是"盐析作用"。

（2）若因萃取溶剂与水部分互溶而产生乳化，只要静置时间较长一些就可以分层。

（3）若被萃取液中存在少量轻质固体，在萃取时常聚集在两相交界处，使分层不明显，只要将混合物抽滤后重新分液，问题就解决了。

（4）若因萃取液呈碱性而产生乳化，加入少量稀硫酸并轻轻振摇，常能使乳浊液分层。

（5）若被萃取液中含有表面活性剂而造成乳化，只要条件允许，即可用改变溶液 pH 的方法来使之分层。

此外，还可根据不同情况，采用加入醇类化合物改变其表面张力、加热破坏乳化等方法处理。

第六节　层　析

一、柱层析

利用层析柱将混合物各组分分离开来的操作过程称为柱层析。柱层析是层析技术中的一类，根据其作用原理又可分为吸附柱层析、分配柱层析和离子交换柱层析等。其中以吸附柱层析应用最广。本节只介绍吸附柱层析的相关问题，其操作方法可作为其他类型柱层析的参考。

1. 层析柱

实验室中所用的玻璃层析柱有两种形式：一是下部带有活塞的玻璃管，如图 3-6-1（a）所示，活塞的芯最好是聚四氟乙烯制作的，这样可以不涂真空油脂，以免污染产品。如果使用普通的玻璃活塞，则真空油脂要小心地涂薄、涂匀。另一种是将玻璃管下端拉细，套上一段弹性良好的管子，用一只螺旋夹控制流速，如图 3-6-1（b）所示。这段管子必须是不能被淋洗剂溶解的，普通橡皮管一般不可充作此用，因为橡皮易被氯仿、苯、THF 等溶剂溶胀，而聚乙烯管子对大多数溶剂是惰性的，所以常常使用。此外，薄膜塑料柱如图 3-6-1（c）所示，因其使用方便、节省淋洗剂、减少蒸发量等优点，应用日趋广泛。薄膜塑料柱总是以扁平成卷保存的，两侧常有很深的折痕。使用前需将裁取的一段薄膜管一端扎紧，另一端套在一段玻璃管上并用棉线扎紧。将这段玻璃管穿过一个单孔塞。然后将薄膜管放进一根又粗又长、下端拉细的玻璃管内，用塞子塞紧大玻璃管的口。用水泵自大玻璃管下端抽气，薄膜柱即因内部压强大于外部而自行展圆。待装入吸附剂后在其下部扎几个小孔即可使用。

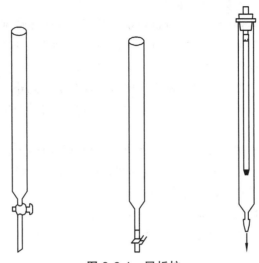

图 3-6-1　层析柱

层析柱的尺寸根据被分离物的量来确定,其直径与高度之比则根据被分离混合物的分离难易程度而定,一般在 1∶8 ~ 1∶50。柱身细长,分离效果好,但可分离的量少,且分离所需时间长;柱身短粗,分离效果较差,但一次可以分离较多的样品,且所需时间短。如果待分离物各组分较难分离,宜选用细长的柱子;如果要处理大量的较易分离的或对分离纯度要求较低的混合物,则可选用粗而短的柱子。最常使用的层析柱,直径与长度之比在 1∶8 ~ 1∶15。

2. 吸附剂

柱层析中最常使用的吸附剂是氧化铝或硅胶。其用量为被分离样品的 30 ~ 50 倍,对于难以分离的混合物,吸附剂的用量可达 100 倍或更高。对于吸附剂应综合考虑其种类、酸碱性、粒度及活性等因素,最后用实验方法选择和确定。

市售氧化铝有酸性、碱性和中性之分。酸性氧化铝是用 1%盐酸浸泡后,用蒸馏水洗到其浸出液的 pH 为 4,适用于分离酸性物质;碱性氧化铝浸出液的 pH 为 9 ~ 10,用以分离胺类、生物碱及其他有机碱性化合物;中性氧化铝的相应 pH 为 7.5,适用于醛、酮、醌、酯等类化合物的分离以及对酸、碱敏感的其他类型化合物的分离。硅胶没有酸碱性之分,适用于各类有机物的分离。

柱层析所用氧化铝的粒度一般为 100 ~ 150 目,硅胶为 60 ~ 100 目,如果颗粒太小,淋洗剂在其中流动太慢,甚至流不出来。

氧化铝和硅胶的活性各分五个等级。哪个活性级别分离效果最好,要用实验方法确定,而不是盲目选择高的活性级别,最常使用的是 Ⅱ ~ Ⅲ 级。如果吸附剂活性太低,分离效果不好,可通过"活化"来提高其活性。"活化"是指用加热的方法除去吸附剂中所含的水分,提高其吸附活性的过程。通常是将吸附剂装在瓷盘里,放进烘箱中恒温加热。"活化"的温度和时间应根据分离需要而定。氧化铝一般在 200 ℃ 恒温 4 h,硅胶在 105 ~ 110 ℃ 恒温 0.5 ~ 1 h。"活化"完毕,切断电源,待温度降至接近室温时,从烘箱中取出,放进干燥器中备用。有的样品在活性高的吸附剂中分离效果不好，可将吸附剂放在空气中让其吸收一些水分，分离效果反而好一些。

此外，一些天然产物带有多种官能团，对微弱的酸碱性都很敏感，则可用纤维素、淀粉或糖类作为吸附剂。活性炭是一种吸附能力很高的吸附剂，但因粒度太小而不常用。

二、薄层层析

薄层层析（thin layer chromatography），也叫薄层色谱、薄板色谱或薄板层析，属层析技术中的一类，常用 TLC 代表。与柱层析一样，薄层层析按其作用机理可分为吸附薄层层析、分配薄层层析等。其中应用最广泛的是吸附薄层层析。薄层层析具有微量、快速、操作简便等优点，但不适用于较大量的样品的分离，通常可分离的量在 0.5 g 以下，最低可达 10^{-9} g。本节只介绍吸附薄层层析的相关问题，其他类型薄层层析可参照处理。

1. 薄层层析的用途

（1）作为柱层析的先导。一般说来，使用某种固定相和流动相可以在柱中分离开的混合物，使用同种固定相和流动相也可以在薄层板上分离开。所以常利用薄层层析为柱层析选择吸附剂和淋洗剂。

（2）监控反应进程。在反应过程中定时取样，将原料和反应混合物分别点在同一块薄层板上，展开后观察样点的相对浓度变化。若只有原料点，说明反应没有进行；若原料点很快变淡，产物点很快变浓，说明反应在迅速进行；若原料点基本消失，产物点变得很浓，则说明反应基本完成。

（3）检测其他分离纯化过程。在柱层析、结晶、萃取等分离纯化过程中，将分离出来的组分或纯化所得的产物溶样点板，展开后如果只有一个点，则说明已经完全分离开或已经纯化好了；若展开后仍有两个或多个斑点，则说明分离纯化尚未达到预期的效果。

（4）确定混合物中的组分数目。一般说来，混合物溶液点样展开后出现几个斑点，就说明混合物中有几个组分。

（5）确定两个或多个样品是否为同一物质。将各样品点在同一块薄层板上，展开后若各样点爬升的高度相同，则大体上可以认为是同一物质；若上升高度不同，则肯定不是同一物质。

（6）根据薄层板上各组分斑点的相对浓度可粗略地判断各组分的相对含量。

（7）迅速分离出少量纯净样品。为了尽快从反应混合物中分离出少量纯净样品进行分析测试，可扩大薄层板的面积，加大薄层的厚度，并将混合物样液点成一条线，一次可分离出数十毫克至数百毫克的样品。

2. 薄层层析的仪器和药品

（1）薄板薄层层析所用的基板通常为玻璃板，也有用塑料板的，根据用途的不同而有不同的规格。用于分析鉴定的多为 7.5 cm×2.5 cm 的载玻片。若为分离少量纯样品，可将普通玻璃板裁成 20 cm×15 cm 的大小，将棱角用砂纸稍加打磨，以免割破手指，然后洗净干燥即可使用。近年来，有些厂商将吸附剂涂在大张金属箔片上出售。购回后只需用剪刀剪成合适大小即可点样展开。用完后可以用适当溶剂将箔片上样点浸萃掉，经干燥后即可重复使用，但吸附剂涂层很薄，一般只可用于分析鉴定。

（2）展开槽也叫层析缸，规格形式不一。图3-6-2所示为其中的几种，图（a）为卧式，（b）为斜靠式，（c）为下行式。

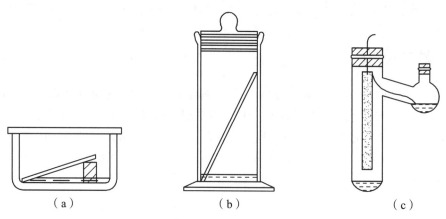

图 3-6-2　薄层板在不同的层析缸中展开

第七节　干　燥

　　干燥是有机化学实验室中最常用到的重要操作之一，其目的在于除去化合物中存在的少量水分或其他溶剂。液体中的水分会与液体形成共沸物，在蒸馏时就有过多的"前馏分"，造成物料的严重损失；固体中的水分会使其熔点降低，得不到正确的测定结果；试剂中的水分会严重干扰反应，如在制备格氏试剂或酰氯的反应中，若不能保证反应体系的充分干燥就得不到预期产物；而反应产物如不能充分干燥，则在分析测试中就得不到正确的结果，甚至可能得出完全错误的结论。所有这些情况都需要用到干燥。干燥的方法因被干燥物料的物理性质、化学性质及要求干燥的程度不同而不同，如果处置不当就不能得到预期的效果。本节主要介绍液体的干燥方法。

　　实验室中干燥液体有机化合物的方法主要有分馏法、共沸蒸（分）馏法、分子筛干燥。

一、分馏法

可溶于水但不形成共沸物的有机液体可用分馏法干燥。

二、共沸蒸（分）馏法

许多有机液体可与水形成二元最低共沸物，可用共沸蒸馏法除去其中的水分。当共沸物的沸点与其有机组分的沸点相差不大时，可采用分馏法除去含水的共沸物，以获得干燥的有机液体。但若液体的含水量大于共沸物中的含水量，则直接蒸（分）馏只能得到共沸物而不能得到干燥的有机液体。在这种情况下常需加入另一种液体来改变共沸物的组成，以使水较多较快地蒸出，而被干燥液体尽可能少被蒸出。例如，工业上制备无水乙醇时，是在95%乙醇中加入适量苯进行共沸蒸馏。首先蒸出的是沸点为 64.85 ℃ 的三元共沸物，含苯、水、乙醇的比例为 74：7.5：18.5。在水完全蒸出后，接着蒸出的是沸点为 68.25 ℃ 的二元共沸物，其中苯与乙醇之比为 67.6：32.4。当苯也被蒸完后，温度上升到 78.85 ℃，蒸出的是无水乙醇。

三、分子筛干燥法

分子筛是一类人工制作的多孔性固体，因取材及处理方法不同而有若干类别和型号，应用最广的是沸石分子筛，它是一种铝硅酸盐的结晶，由于其自身的结构，形成大量与外界相通的均一的微孔。化合物的分子若小于其孔径，可进入这些孔道；若大于其孔径，则只能留在外面，从而起到对不同种分子进行"筛分"的作用。选用合适型号的分子筛，直接浸入待干燥液体中，密封放置一段时间后过滤，即可有选择地除去有机液体中的少量水分或其他溶剂。分子筛干燥的作用原理是物理吸附，其主要优点是选择性高，干燥效果好，可在 pH 5 ~ 12 的介质中使用。表 3-7-1 列出了几种最常用的分子筛供选用时参考。

表 3-7-1　几种常用分子筛的吸附作用

分子筛	化学组成	比表面积 /$m^2 \cdot g^{-1}$	孔径/nm	最高使用温度	可吸附的物质	不能吸附的分子
3A	$0.67K_2O \cdot 0.33Na_2O \cdot Al_2O_3 \cdot 2SiO_2 \cdot 4.5H_2O$	600 ~ 1 000	0.32 ~ 0.33	700	N_2，O_2，H_2，H_2O	C_2H_2，C_2H_4，CO_2，NH_3 及更大的分子
4A	$Na_2O \cdot Al_2O \cdot 2SiO_2 \cdot 4H_2O$	~ 800	0.42 ~ 0.47	400	CH_3OH,C_2H_5OH,CH_3CN,CH_3NH_2，CH_3Cl,CH_3Br，CO_2，C_2H_2，He，Ne，CS_2，Ar,Kr,CO,Xe，NH_3，CH_4，C_2H_6 及可被3A吸附的物质	
5A	$3/4CaO \cdot 1/4Na_2O \cdot Al_2O_3 \cdot 2SiO_2 \cdot 9/2H_2O$	750 ~ 800	0.49 ~ 0.55	400	$C_3 \sim C_{14}$ 正构烷烃，CH_3F,C_2H_5Cl，C_2H_5Br,$(CH_3)_2NH$，$C_2H_5NH_2$，CH_2Cl_2,C_2H_6，CH_3Cl 及能被3A，4A吸附的物质	$(n\text{-}C_4H_9)_2NH$ 及更大的分子
13X	$Na_2O \cdot Al_2O_3 \cdot (2 \sim 3)SiO_2 \cdot 6.0H_2O$	1030	~ 1	400	异构烷烃、异构烯烃、异构醇类、苯类、环烷类及5A分子筛可吸附者	$(C_4H_9)_3N$

分子筛在使用后需用水蒸气或惰性气体将其中的有机分子交换出来，然后在（550 ± 10）℃下活化 2 h，待冷却至约 200 ℃ 时取出，放进干燥器中备用。

若被干燥液体中含水较多，则宜用其他方法先进行初步干燥后再用分子筛干燥。

第四章 有机化学实验

实验一 蒸馏和沸点的测定

一、实验目的

（1）学习简单蒸馏的原理及其意义。

（2）掌握蒸馏的实验操作。

（3）掌握常量法（即蒸馏法）和测定沸点的操作要领及微量法测定沸点的原理和方法。

二、实验原理

液态有机物受热时，蒸气压增大，当液体的蒸气压增大到与外界施于液面的总压力（通常是大气压力）相等时，就有大量气泡从液体内部逸出，即液体沸腾，这时的温度称为液体的沸点（boiling point）。

蒸馏（distillation）就是将液态物质加热到沸腾变为蒸气，又将蒸气冷凝为液体这两个过程的联合操作。利用蒸馏可将沸点相差较大（一般相差 30 ℃ 以上）的液态混合物分开。蒸馏沸点差别较大的液体时，沸点较低者先蒸出，沸点较高的随后蒸出，不挥发的留在蒸馏器内，这样，可达到分离和提纯的目的。故蒸馏为分离和提纯液态有机化合物常用的方法之一，是重要的基本操作，必须熟练掌握。

纯液态有机化合物在蒸馏过程中沸点范围很小（0.5 ~ 1 ℃）。所以，蒸馏可以用来判断液体物质的纯度和测定纯液态有机化合物的沸点。用蒸馏法测定沸点叫常量法，此法液体用量较大，要 10 mL 以上，若样品不多，可采用微量法。

蒸馏操作是有机化学实验中常用的实验技术，一般用于下列几方面：

（1）分离液体混合物，只有在混合物中各组分的沸点差别较大时才能有效分离；

（2）测定化合物的沸点；

（3）提纯，除去不挥发的杂质；

（4）回收溶剂，或蒸出部分溶剂以浓缩溶液。

三、主要仪器与试剂

1. 仪　器

电热套、蒸馏瓶、温度计、直型冷凝管、尾接管、锥形瓶、量筒、三角漏斗、磁力搅拌子。

实验装置：

蒸馏装置主要包括汽化、冷凝和接收三部分，如图 4-1-1 所示：

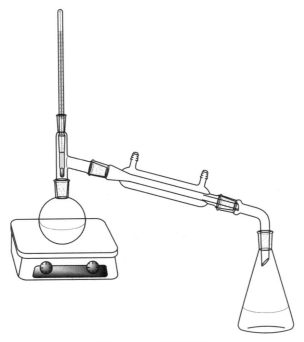

图 4-1-1　蒸馏装置

2. 试　剂

乙醇、水。

四、实验步骤

1. 加　料

把长颈漏斗放在蒸馏瓶口，经漏斗加入待蒸馏的乙醇 25 mL，或者沿着面对支管的瓶颈壁小心地加入，不要使液体从支管流出。加入几粒止暴剂。在蒸馏烧瓶口塞好带温度计的塞子，注意温度计的位置。再检查一次装置是否稳妥与严密，有没有漏气。

2. 加　热

先打开冷凝水龙头，缓缓通入冷水，把上口流出的水引入水槽中，然后开始加热。最初宜用小火，再慢慢增大火焰，以免蒸馏烧瓶因局部过热而破裂。

3. 观测沸点及收集馏液

准备两个接收瓶，一个接收前馏分或称馏头，另一个需称重，接收所需馏分，并记下该馏分的沸程（即该馏分的第一滴至接近蒸完时的温度范围）。加大火力使之沸腾，调节火焰或调整加热电炉的电压，使蒸馏速度以每秒自接液管滴下 1~2 滴馏出液为宜。注意观察温度计读数，收集所需温度范围的馏出液。在所需馏分蒸出后，温度计读数会突然下降，此时应停止蒸馏。即使杂质很少，也不要蒸干，以免蒸馏瓶破裂及发生其他意外事故。

4. 拆除蒸馏装置

蒸馏完毕，先停止加热，后停止通水，冷却后拆卸仪器，其程序和装配时相反，即按次序取下接收器、接液管、冷凝管和蒸馏烧瓶。

五、注意事项

（1）仪器安装顺序为：先下后上，先左后右（从下向上，从头到尾）。拆卸仪器与其顺序相反。

（2）仪器安装要严密、正确。

（3）加乙醇时在蒸馏头上放一长颈漏斗。

（4）实验开始前加入止暴剂。

（5）实验开始时，先通冷凝水，后加热。

（6）蒸馏过程中使馏出液以每秒钟流出 1~2 滴为宜，且温度计水银球部位常有液滴存在；

（7）样品大部分蒸出时（不能蒸干），残留液至少 0.5 mL，否则易发生事故（瓶碎裂等），记录最后的温度。

（8）实验完毕，先停止加热，稍冷却后停止通冷凝水。

六、思考题

（1）什么叫沸点？液体的沸点和大气压有什么关系？文献里记载的某物质的沸点是否即为实验室所在地的沸点温度？

（2）蒸馏时，放入止暴剂为什么能防止暴沸？如果加热后才发现未加入止暴剂时，应如何处理？

（3）为什么蒸馏时最好控制馏出液的速度为 1~2 滴/s？

（4）当加热后有馏液滴出时，才发现冷凝管未通水，请问能否马上通水？如果不行，应怎么办？

（5）在蒸馏装置中，把温度计水银球插至液面上或在蒸馏烧瓶支管口上，是否准确？为什么？

实验二　分　馏

一、实验目的

（1）了解分馏的原理和意义。

（2）了解分馏柱的种类和选用方法。

（3）学习实验室常用分馏的操作方法。

二、实验原理

分馏实际上就是使沸腾的混合物蒸气通过分馏柱（工业上用分馏塔）进行一系列的热交换，蒸气被部分冷凝，当冷凝液回流途中遇到上升的蒸气，两者之间又进行热交换，上升的蒸气中高沸点的组分被冷凝，低沸点的组分继续上升，易挥发的组分含量增加，如此在分馏柱内反复进行汽化、冷凝、回流等程序，当分馏柱的效率相当高且操作正确时，在分馏柱顶部出来的蒸气就接近于纯低沸点的组分。这样，最终便可将沸点不同的物质分离出来。

通过恒压下的沸点-组成图（相图），能更好地理解分馏原理。图 4-2-1 是苯-甲苯溶液在大气压下的沸点-组成图。图中横坐标表示组成 x（摩尔分数），纵坐标表示温度 t（如果是理想溶液，则可直接由计算作出）。从图中可以看出，由苯 20% 和甲苯 80%（L_1）组成的液体在 102 ℃ 时沸腾，和此液相平衡的蒸气组成约为苯 40% 和甲苯 60%（V_1）；若将此组成的蒸气冷凝成同组成（L_2）的液体，则与此溶液成平衡的蒸气（V_2）组成约为苯 60% 和甲苯 40%。显然，如此继续重复，经 L_3、V_3、L_4、V_4……即可得到接近纯苯的气相。在相图中由 L_1 至 V_1 至 L_2 是一次汽化和冷凝的过程，相当于一次简单的蒸馏，也简单地相当于一块理论塔板值。

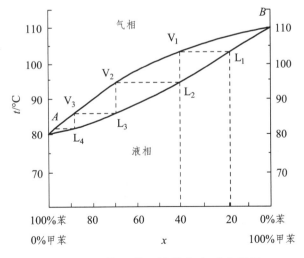

图 4-2-1　苯-甲苯系统沸点-组成曲线图

通过分别收集大量的最初蒸出液和残留液，并反复多次进行常压蒸馏，从理论上来说能够分离出少量的纯物质。显然，这样处理是极其麻烦和费时的，而分馏柱可以把这种重复蒸馏操作在柱内一次完成。所以分馏是多次重复的常压蒸馏。

连续的蒸馏过程在分馏柱中如何实现？如图 4-2-2 所示，在分馏过程中的液体蒸气进入分馏柱，其中沸点较高的成分在柱内遇冷凝为液体，流回原容器，而易挥发成分仍为气体进入冷凝管中，冷凝为液体蒸出液（馏分）。在此过程中，柱内流回的液体和上升的蒸气进行热交换，使流回液体中低沸点的成分因遇热蒸气被再次汽化，同时，高沸点液体蒸气在柱内冷凝时放热，使气体中的易挥发成分继续保持气体上升至冷凝管中。为此，这种热交换作用是提高分馏效果的必要条件之一，即要求流回的液体和上升的蒸气在柱内有充分的接触机会。通常是在分馏柱内装入填充物，或设计成各种高效的塔板，使流回的液体于其上形成一层薄膜，从而保证流回的液体与上升的蒸气有最大的接触面进行热交换，同时有利于气液平衡。

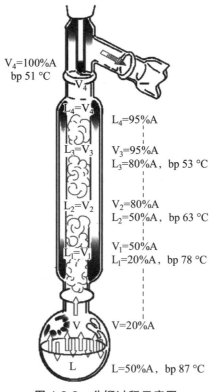

图 4-2-2　分馏过程示意图

采用分馏的分离效果比蒸馏好得多。例如，将 20 mL 甲醇和 20 mL 水混合物分别进行普通蒸馏和分馏，控制蒸出速度为 1 mL/3 min，每收集 1 mL 馏出液记录温度，以馏出液体积为横坐标、温度为纵坐标，分别得出蒸馏曲线和分馏曲线，如图 4-2-3 所示。从分馏曲线可以看出，当甲醇蒸出后，温度便很快上升，达到水的沸点，甲醇和水可以得到较好的分离，显然，分馏比只用普通蒸馏（一次）的分离效果好得多。

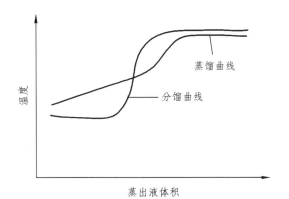

图 4-2-3　甲醇-水混合物（1∶1）的蒸馏和分馏曲线

必须指出，当某两种或三种液体以一定比例混合，可组成具有固定沸点的混合物，这种混合物称为共沸混合物或恒沸混合物。将这种混合物加热至沸腾时，在气、液平衡体系中，气相组成和液相组成一样，故不能使用分馏法将其分离开，只能得到按一定比例组成的混合物。共沸混合物的沸点若低于混合物中任一组分的沸点，称为低共沸混合物，也有高共沸的。具有低共沸的混合物体系，如乙醇-水体系。

我们应该注意到，水能与多种物质形成共沸混合物，所以，化合物在蒸馏前，必须仔细地用干燥剂除水。

有关共沸混合物更全面的数据可在化学手册中查到。

三、影响分馏效率的因素

1. 理论塔板

分馏柱效率是用理论塔板来衡量的。分馏柱中的混合物经过一次汽化和冷凝的热力学平衡过程，相当于一次普通蒸馏所达到的理论浓缩效率，当分馏柱达到这一次浓缩效率时，那么分馏柱就具有一块理论塔板。分馏柱的理论塔板数越高，分离效果越好。分离一个理想的二组分混合物所需的理论塔板数与两个组分的沸点差之间的关系见表 4-2-1。

其次还要考虑理论板层高度，在高度相同的分馏柱中，理论板层高度越小，则柱的分离效率越高。

表 4-2-1　二组分的沸点与分离所需的理论塔板数

沸点差值	分离所需的理论塔板数
108	1
72	2
54	3
43	4
36	5
20	10
10	20
7	30
4	50
2	100

2. 回流比

在单位时间内，由柱顶冷凝返回柱中液体的数量与蒸出物的量之比称为回流比。若全回流中每 10 滴收集 1 滴馏出液，则回流比为 9∶1。对于非常精密的分馏，使用高效率的分馏柱，回流比可达 100∶1。

3. 分馏柱的保温

许多分馏柱必须进行适当的保温，以便能始终维持温度平衡。

4. 填　料

为了提高分馏柱的分馏效率，在分馏柱内装入具有大面积的填料，填料之间应保留一定的空隙，要遵守适当紧密且均匀的原则，这样就可以增加回流液体和上升蒸气的接触机会。填料有玻璃（玻璃珠、短段玻璃管）或金属（不锈钢棉、金属丝绕成固定形状），玻璃的优点是不会与有机化合物发生反应，而金属则可与卤代烷之类的化合物反应。在分馏柱底部往往放一些玻璃丝，以防止填料坠入蒸馏容器中。

分馏柱的种类颇多，一般实验室常用的有如图 4-2-4 所示的几种：

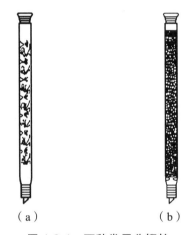

（a）　　　　　　　　　（b）

图 4-2-4　两种常用分馏柱

四、实验步骤

1. 四氯化碳-甲苯混合物的分馏

（1）把待分离的混合物（本实验用 10 mL 四氯化碳及 10 mL 甲苯）、几小块素烧瓷片放在 50 mL 圆底烧瓶里，如图 4-2-5 所示装配仪器，用石棉绳包裹分馏柱身，尽量减少散热。把第 1 号三角烧瓶作为接收器，接收器与周围火焰要有一定的距离。选择好热浴（本实验用油浴），开始用小火加热，以使加热均匀，防止局部过热。当液体开始沸腾时，即见到一圈圈气液沿分馏柱慢慢上升，待其停止上升后，调节热源，提高温度，当蒸气上升到分馏柱顶部，开始有馏出液流出时，马上记下第一滴馏出液落到接收瓶中时温度计的读数。此时更应控制好温度，使蒸馏的速度以 1 mL/min 为宜。

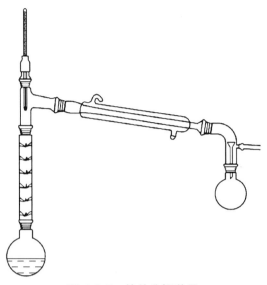

图 4-2-5　简单分馏装置

　　首先以第 1 号接收瓶收集 76～81 ℃的馏分，依次更换接收瓶，分段收集以下温度范围的四段馏出液（表 4-2-2）：

表 4-2-2　分馏四氯化碳-甲苯时收集馏出液的温度范围

接受瓶的编号	1	2	3	4
收集温度范围/ ℃	76～81	81～88	88～98	98～108

　　当蒸气温度达到 108 ℃时，停止蒸馏，让圆底烧瓶冷却（约几分钟），使分馏柱内的液体回流到瓶内，将圆底烧瓶内的残液倾入第 5 号接收瓶里。分别量出各接收瓶中馏出液的体积（量准至 0.1 mL）并记录之（表 4-2-3）。

表 4-2-3　分馏四氯化碳-甲苯时收集馏出液的体积

序　号	温度/℃	各段馏出液的体积/mL	
		第一次	第二次
1	76～81		
2	81～88		
3	88～98		
4	98～108		
5	残　液		

　　操作时要注意防火，应在离火焰较远的地方进行。

　　（2）为了分出较纯的组分，按照下面的方法进行第二次分馏。

　　先将第一次的馏出液 1（第 1 号接收瓶）倒入空的圆底烧瓶里，用如前所述装置进行分馏，仍用第 1 号三角烧瓶收集 76～81 ℃的馏出液。当温度升高至 81 ℃时，停止分馏，冷却圆底烧瓶，将第一次的馏出液 2（第 2 号接收瓶）加入圆底烧瓶内的残液中，继续加热分馏，把 81 ℃以前的馏出液收集在第 1 号三角烧瓶中，而 81～88 ℃的馏出液收集于第 2 号三角烧瓶中。待温度上升到 88 °C 时停止加热，冷却后，将第一次的馏出液 3 加入圆底烧瓶残液内，继续分馏，分别以第 1 号、第 2 号和第 3 号三角烧瓶收集 76 ~ 81 °C、81 ~ 88 °C 和 88 ~ 98 °C 的馏出液。依此继续蒸馏第一次的第 4 及第 5 号三角烧瓶中的馏出液，操作同上。至分馏第 5 号三角烧瓶的馏出液时，残留在圆底烧瓶中的刚好为第二次分馏的第 5 部分馏分。

记录第二次分馏得到的各段馏出液的体积。

（3）为了定性地估计分馏的效率，可将两端的馏出液（第 1 和第 5）进行气味和其他性质试验。

① 分别取 1 ~ 2 滴馏出液放入装有水的试管中，观察馏出液是上浮还是下沉？为什么？

② 分别取几滴馏出液置于磁蒸发皿中，把所有的馏出液均倾入指定的瓶中。

用观察到的温度为纵坐标、馏出液的体积为横坐标，作图得一分馏曲线。

2. 丙酮-水混合物的分馏

（1）丙酮-水混合物的分馏

按简单分馏装置图（图 4-2-5）装配仪器，并准备三只 15 mL 的量筒作为接收器，分别注明 A、B、C。在 50 mL 圆底烧瓶内放置 15 mL 丙酮、15 mL 水及 1 ~ 2 粒沸石。开始缓慢加热，并尽可能精确地控制加热温度（可通过调节变压器来实现），使馏出液以每 1 ~ 2 s 一滴的速度蒸出。

将初馏出液收集于量筒 A，注意记录柱顶温度及接收器 A 中的馏出液总体积。继续蒸馏，记录每增加 1 mL 馏出液时的温度及馏出液总体积。温度达 62 °C 换量筒 B 接收，98 °C 用量筒 C 接收，直至蒸馏烧瓶中残液为 1 ~ 2 mL，停止加热（A 56 ~ 62 °C，B 62 ~ 98 °C，C 98 ~ 100 °C）。记录三个馏分的体积，待分馏柱内液体流回烧瓶时测量并记录残留液体积。以柱顶温度为纵坐标、馏出液体积（mL）为横坐标，将实验结果绘成沸腾曲线，讨论分离效率。

（2）丙酮-水混合物的蒸馏

为了比较蒸馏和分馏的分离效果，可将丙酮和水各 15 mL 的混合液放置于 60 mL 蒸馏烧瓶中，重复上述步骤（1）的操作，按（1）中规定的温度范围收集 A、B、C 的各馏分。在（1）所用的同一张纸上作温度-体积曲线（图 4-2-6）。这样蒸馏和分馏所得到的曲线显示在同一图表上，便于对它们所得结果进行比较。a 为普通蒸馏曲线，可看出无论是丙酮还是水，都不能以纯净状态分离；从曲线 b 可以看出分馏柱的作用，曲线转折点为丙酮和水的分离点，基本可将丙酮分离出。

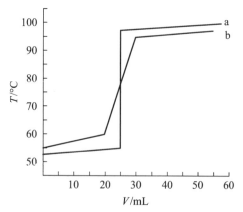

图 4-2-6　丙酮-水的分馏和蒸馏曲线

五、注意事项

（1）四氯化碳为无色液体，沸点为 76.8 ℃，不能燃烧；甲苯为无色液体，沸点为 110.6 ℃，能燃烧。

（2）将各段分馏液倒入圆底烧瓶中时必须先移开热源，让圆底烧瓶冷却几分钟，否则甲苯的蒸气遇到火源容易燃烧而造成事故。

（3）分馏一定要缓慢进行，控制好恒定的蒸馏速度。

（4）要使有相当量的液体自分馏柱流回烧瓶中，应选择合适的回流比，控制好恒定的蒸馏速度（1~2 滴/s），可以得到比较好的分馏效果。

（5）尽量减少分馏柱的热量散失和波动。

六、思考题

（1）分馏和蒸馏在原理及装置上有哪些异同？如果是两种沸点很接近的液体组成的混合物，能否用分馏来提纯？

（2）可以把分馏柱顶上温度计的水银柱位置插下面一些吗？为什么？

（3）在分馏时，为什么要分 4 个馏段来收集馏出液？将各段的馏出液倒入圆底烧瓶，为什么必须移开热源？否则会发生什么危险？

（4）将两端馏出液做气味试验时，应该怎样进行？做燃烧试验时不燃烧的部分是什么物质？

实验三　减压蒸馏

一、实验目的

（1）学习减压蒸馏的原理及其应用。
（2）认识减压蒸馏的主要仪器设备。
（3）掌握减压蒸馏仪器的安装和减压蒸馏的操作方法。

二、实验原理

某些沸点较高的有机化合物在加热还未达到沸点时，往往发生分解或氧化，所以不能用常压蒸馏。使用减压蒸馏可避免这种现象的发生。因为当蒸馏系统内的压力减小时，系统内物质的沸点便降低。当压力降低到 1.3～2.0 kPa（10～15 mmHg）时，许多有机化合物的沸点比其常压下的沸点降低 80～100 ℃。因此，减压蒸馏对于分离提纯沸点较高或性质比较不稳定的液态有机化合物具有特别重要的意义。所以，减压蒸馏也是分离提纯液态有机化合物常用的方法。

在进行减压蒸馏前，应先从文献中查阅清楚，该化合物在所选择的压力下的相应分沸点，如果文献中缺乏此数据，可用下述经验规律大致推算，以供参考：当蒸馏在 1333～1999 Pa（10～15 mmHg）下进行时，压力每相差 133.3 Pa（1 mmHg），沸点相差约 1 ℃。也可以用图 4-3-1 "压力-温度关系图" 来查找，即从某一压力下的沸点便可以近似地推算出另一压力下

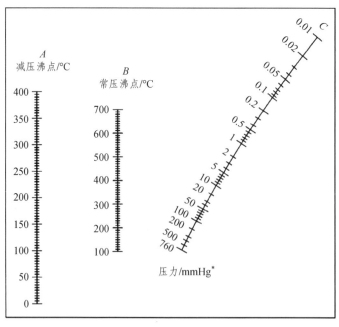

图 4-3-1　液体在常压下的沸点与减压下的沸点的近似关系图

的沸点。例如，水杨酸乙酯常压下的沸点为 234 ℃，减压至 1999 Pa（15 mmHg）时，沸点为多少摄氏度？可在图 4-3-1 中 B 线上找到 234 ℃ 的点，再在 C 线上找到 1999 Pa（15 mmHg）的点，然后将两点相连得一直线，延长该直线，其与 A 线的交点为 113 ℃，即水杨酸乙酯在 1999 Pa（15 mmHg）时的沸点约为 113 ℃。

一般把压力范围划分为以下几个等级：

（1）"粗"真空（10~760 mmHg），一般可用水泵获得。

（2）"次高"真空（0.001~1 mmHg），可用油泵获得。

（3）"高"真空（<10⁻³ mmHg），可用扩散泵获得。

三、减压蒸馏的装置

图 4-3-2 是常用的减压蒸馏装置，其主要仪器设备有：双颈蒸馏烧瓶、接收器、吸收装置、压力计、安全瓶和减压泵。

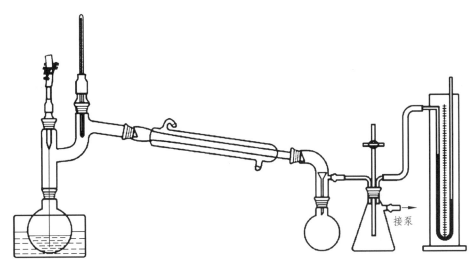

图 4-3-2　减压蒸馏装置

1. 双颈蒸馏烧瓶

这种蒸馏烧瓶的主要优点是可以减少液体沸腾时常由于暴沸或发生泡沫而溅入蒸馏烧瓶支管的现象。为了平稳地蒸馏，避免液体过热而产生暴沸溅跳的现象，可在减压蒸馏瓶中插入一根末端拉成毛细管的玻璃管，毛细管口距瓶底 1~2 mm。毛细管口要很细，检查毛细管的方法是将毛细管插入小试管的乙醚内，用嘴在玻璃管口轻轻吹气，若毛细管能冒出一连串的细小气泡，仿如一条细线，即为合格；如果不冒气泡，表示毛细管闭塞，不能用。玻璃管另一端应拉细一些或在玻璃管口套上一段橡皮管，用螺旋夹夹住橡皮管，用于调节进入瓶中的空气量。否则，将会引入大量空气，达不到减压蒸馏的目的。

2. 接收器

蒸馏少量物质，或沸点在 150 ℃ 以上的物质时，可用蒸馏瓶作为接收器；蒸馏沸点在 150 ℃ 以下的物质时，接收器前应连接冷凝管冷却。若蒸馏不能中断或要分段接收馏出液，可采用多尾接液管。转动多尾接液管，就可使不同的馏分进入指定的接收器中。

3. 吸收装置

吸收装置的作用是吸收对真空泵有损害的各种气体或蒸气，以保护减压设备。吸收装置一般由以下几部分组成：

（1）捕集管——用来冷凝水蒸气和一些挥发性物质，捕集管外用冰-盐混合物冷却。

（2）氢氧化钠吸收塔——用来吸收酸性蒸气。

（3）硅胶（或用无水氯化钙）干燥塔——用来吸收经捕集管和氢氧化钠吸收塔后还未除净的残余水蒸气。

若蒸气中含有碱性蒸气或有机溶剂蒸气，则要增加碱性蒸气吸收塔或有机溶剂吸收塔等。

4. 测压计

测压计的作用是指示减压蒸馏系统内的压力，通常采用水银测压计，其结构如图 4-3-3 所示。在厚玻璃管内盛水银，管背后装有滑动标尺，移动标尺将零刻线调整在接近活塞一边玻璃管（B）中的水银平面处。当减压泵工作时，A 管泵柱下降，B 管泵柱上升，两者之差即为系统的压力。使用时必须注意勿使水或脏物进入压力计内，水银柱中也不得有小空气泡存在；否则，将影响测定读数的准确性。

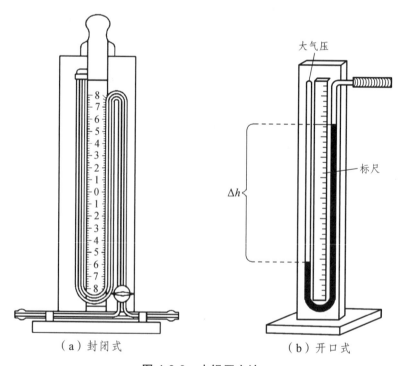

（a）封闭式　　　　　（b）开口式

图 4-3-3　水银压力计

（1）封闭式水银测压计。其优点是轻巧方便，但如有残留空气，或引入了水及其他杂质，则准确度受到影响。这种测压计装入汞时要严格控制不让空气进入，先将纯净汞放入小圆底烧瓶内，然后如图 4-3-4 所示与测压计连接，用高效油泵抽空至 133.3 Pa（1 mmHg）以下，并轻拍小烧瓶，使汞内的气泡逸出，用电吹风微热玻璃管使气体抽出，然后把汞注入 U 形管，停止抽气，放入大气即可。

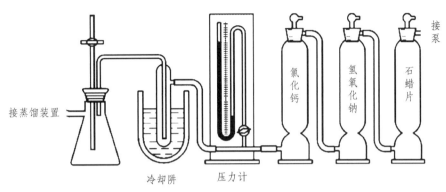

图 4-3-4　装泵连接方法

（2）开口式水银测压计。这种测压计装柱方便，比较准确，所用玻璃管的长度需超过 760 mm。U 形管两臂汞柱高度之差即为大气压力与系统中压力之差。因此，蒸馏系统内的实际压力应为大气压力减去这一汞柱之差（所读高度差为真空度 Δh，系统压力 = 760 mmHg $-\Delta h$）。

5. 安全瓶

一般用吸滤瓶，壁厚耐压。安全瓶与减压泵、测压计相连，活塞用来调节压力及放气。

6. 减压泵

在有机化学实验室通常使用的减压泵有水泵和油泵两种。不需要很低的压力时可用水泵。如果水泵的构造好，且水压又高，其抽空效率可以达到 1067～3333 Pa（8～25 mmHg）。水泵所能抽到的最低压力，理论上相当于当时水温下的水蒸气压力。例如，水温在 25 ℃、20 ℃、10 ℃ 时，水蒸气压力分别为 3200、2400、1203 Pa（24、18、9 mmHg）。用水泵抽气时，应在水泵前装上安全瓶，以防水压下降时水流倒吸。停止蒸馏时要先放气，然后关水泵。

油泵的好坏取决于其机械结构和油的质量。使用油泵时必须把它保护好，如果蒸馏挥发性能较大的有机溶剂，有机溶剂会被油吸收，结果增加了蒸气压从而降低了抽空效能；如果是酸性蒸气，会腐蚀油泵；如果是水蒸气，会使油成乳浊液，损坏真空油。因此，使用油泵时必须注意以下几点：

（1）在蒸馏系统和油泵之间，必须装有吸收装置。

（2）蒸馏前必须先用水泵彻底抽去系统中有机溶剂的蒸气。

（3）能用水泵抽气的，尽量使用水泵。如蒸馏物中含有挥发性杂质，可先用水泵减压抽除，然后改用油泵。减压系统必须保持密封不漏气，所有橡皮塞的大小和孔道都要十分合适，橡皮管要用壁厚的真空橡皮管。磨口玻璃塞涂上真空脂。

四、减压蒸馏操作

（1）按图 4-3-2 把仪器安装完毕后，先检查系统能否达到所要求的压力，检查方法为：首先关闭安全瓶上的活塞，旋紧双颈蒸馏瓶上毛细管的螺旋夹子，然后用泵抽气，观察能否达到所要求的压力（如果仪器装置紧密、不漏气，系统内的真空情况应能保持良好）。然后慢慢旋开安全瓶上的活塞，放入空气，直到内外压力相等为止。

（2）将需要蒸馏的液体加入双颈蒸馏烧瓶中，液体体积不得超过烧瓶容积的一半，关好安全瓶上的活塞，开动抽气泵，调节毛细管导入空气量，以能冒出一连串小气泡为宜。

（3）当达到所要求的低压，且压力稳定后，开始加热，热浴的温度一般比液体的沸点高出 20～30 ℃。液体沸腾后，应调节热源，蒸馏速度以 0.5～1 滴/s 为宜。经常注意测压计上所示的压力，如果不符，则应进行调节。待达到所需的沸点时，移开热源，更换接收器，继续蒸馏（本实验用多尾接液管，不需要更换接收器）。

（4）蒸馏完毕，除去热源，慢慢旋开夹在毛细管上的橡皮管的螺旋夹，并慢慢打开安全瓶上的活塞，平衡内外压力，使测压计的水银柱缓慢地回复原状（若放开得太快，水银柱很快上升，有冲破测压计的可能），然后关闭抽气泵。最后拆除仪器。

注意：待内外压力平衡后，才可关闭抽气泵，以免抽气泵中的油反吸入干燥塔。

在减压蒸馏的过程中，务必戴上护目镜。

五、数据记录和处理

表 4-3-1　减压蒸馏数据记录

	真空泵表压力	蒸馏系统压力	蒸馏温度
实验数据			
文献数据			

六、注意事项

（1）正式蒸馏前的关键步骤：空试，以保证真空度能达标。装好仪器后首先检查气密性。

（2）加料后，先像空试操作一样，使真空泵稳定在所需数值上，再开始加热。因为减压下物质熔沸点会降低，加热的过程中抽真空的话可能会引起液体暴沸。

（3）加热过程中，避免蒸气过热，仪器不能有裂缝，不能使用薄壁及不耐压的仪器。

（4）被蒸馏液体中若含有低沸点物质，通常先进行普通蒸馏，再进行水泵减压蒸馏，而油泵减压蒸馏应在水泵减压蒸馏后进行。

（5）如图 4-3-2 安装好减压蒸馏装置后，在蒸馏瓶中，加入待蒸液体（不超过容积的 1/2），先旋紧橡皮管上的螺旋夹，打开安全瓶上的二通活塞，使体系与大气相通，启动油泵抽气，逐渐关闭二通活塞至完全关闭，注意观察瓶内的鼓泡情况（如发现鼓泡太剧烈，有冲料危险，立即将二通活塞旋开些），从压力计上观察体系内的真空度是否符合要求。如果是因为漏气（而不是油泵本身效率的限制）而不能达到所需的真空度，可检查各部分塞子、橡皮管和玻璃仪器接口处连接是否紧密，必要时可用熔融的固体石蜡密封。

（6）如果超过所需的真空度，可小心地旋转二通活塞，慢慢引进少量空气，同时注意观察压力计上的读数，调节体系真空度到所需值（根据沸点与压力关系）。

（7）调节螺旋夹，使液体中有连续平衡的小气泡产生，如无气泡，可能是螺旋夹夹得太紧，应旋松点；也可能是毛细管已经阻塞，应予更换。

（8）在系统调节好真空度后，开启冷凝水，选用适当的热浴（一般用油浴）加热蒸馏，蒸馏瓶圆球部至少应有 2/3 浸入油浴中，在油浴中放一温度计，控制油浴温度比待蒸液体的沸点高 20～30 ℃，使每秒钟馏出 1～2 滴。在整个蒸馏过程中，都要密切注意温度计和真空计的读数，及时记录压力和相应的沸点值.

（9）根据要求，收集不同馏分。通常起始馏出液的沸点比要收集的物质沸点低，这部分为前馏分，应另用接收器接收；在蒸至接近预期的温度时，只要旋转双叉尾接管，就可换一个新接收瓶接收需要的物质。

（10）蒸馏完毕，移去热源，慢慢旋开螺旋夹（防止倒吸），再慢慢打开二通活塞，平衡内外压力，使测压计的水银柱慢慢地回复原状（若打开得太快，水银柱很快上升，有冲破测压计的可能），然后关闭油泵和冷却水。

七、思考题

（1）在怎样的情况下才用减压蒸馏？

（2）使用油泵减压时，有哪些吸收和保护装置？其作用是什么？

（3）在进行减压蒸馏时，为什么必须用热浴加热，而不能用明火加热？为什么进行减压蒸馏时须先抽气才能加热？

（4）当减压蒸完所要的化合物后，应如何停止减压蒸馏？为什么？

实验四 色谱（一） 薄层色谱

一、实验目的

（1）了解薄层色谱的基本原理和应用。

（2）掌握薄层色谱操作技术。

二、实验原理

薄层色谱法是以薄层板作为载体，让样品溶液在薄层板上展开而达到分离的目的，故也称为薄层层析。它是快速分离和定性分析少量物质的一种实验技术，广泛用于精制样品、化合物鉴定、跟踪反应进程和柱色谱的先导（即为柱色谱探索最佳条件）等方面。

1. R_f（比移值）的测定

R_f 表示物质移动的相对距离，即样品点到原点的距离和溶剂前沿到原点的距离之比，常用分数表示（图 4-4-1）。R_f 值与化合物的结构、薄层板上的吸附剂、展开剂、显色方法和温度等因素有关。但在上述条件固定的情况下，R_f 值对每一种化合物来说是一个特定的数值。当两个化合物具有相同的 R_f 值时，在未做进一步的分析之前不能确定它们是不是同一个化合物。在这种情况下，简单的方法是使用不同的溶剂或混合溶剂来进行进一步的检验。

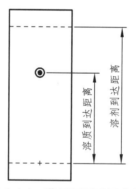

图 4-4-1 薄层展开后示意图

$$R_f = \frac{溶质最高浓度中心至原点中心的距离}{溶剂前沿至原点中心的距离}$$

2. 薄层层析常用的吸附剂

硅胶和氧化铝是薄层层析常用的固相吸附剂。化合物极性越大，它在硅胶和氧化铝上的吸附力越强。所以吸附剂均制成活性精细粉末，活化通常是加热粉末以脱去水分。硅胶具有酸性，常用来分离酸性或中性化合物。氧化铝有酸性、中性和碱性，可用于分离极性或非极性化合物。商用的硅胶和氧化铝薄层板常用玻璃或塑料制成，可以直接购买。

3. 样品的制备与点样

样品必须溶解在挥发性的有机溶剂中，浓度最好是 1%～2%。溶剂应具有高的挥发性以便于立即蒸发，丙酮、二氯甲烷和氯仿是常用的有机溶剂。分析固体样品时，可将 20～40 mg 样品溶到 2 mL 的溶剂中。在距薄层板底端 1 cm 处，用铅笔画一条线，作为起点线，然后用内径小于 1 mm 的毛细管吸取样品溶液，垂直地轻轻接触薄层板的起点线。样品量不能太多，否则易造成斑点过大，互相交叉或拖尾等现象，不能得到很好的分离效果。

4. 展 开

将选择好的展开剂加入层析缸中，使其蒸气在层析缸内饱和，再将点好样品的薄层板放入层析缸中进行展开（图 4-4-2）。使用足够的展开剂以使薄层板底部浸入溶剂 3～4 mm；但溶剂不能太多，否则样点在液面以下，溶解到溶剂中，不能进行层析。当展开剂上升到薄层板的前沿（离顶端 5～10 mm 处）或各组分已明显分开时，取出薄层板，放平晾干，用铅笔画出前沿的位置后即可显色，然后根据 R_f 值的不同对各组分进行鉴别。

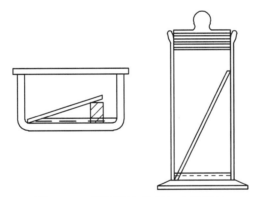

图 4-4-2　薄层板在层析缸中的展开

5. 显 色

展开完毕，取出薄层板，划出前沿线，如果化合物本身具有颜色，可直接观察有色斑点。但是很多有机物本身无色，必须先经过显色才能观察到斑点的位置，判断分离情况。常用的显色方法有如下几种：

（1）紫外显色法

有荧光的物质或遇某些试剂可激发荧光的物质可在 365 nm 紫外光灯下观察荧光物质的亮点。对于可见光下无色，但在紫外光下有吸收的成分，可用带有荧光剂的硅胶板，在 254 nm 紫外光灯下观察荧光板面上的荧光猝灭物质形成的暗红色斑点。标记出斑点的形状和位置。

（2）碘蒸气显色法

由于碘能与很多有机化合物（烷和卤代烷除外）可逆地结合，形成有颜色的络合物，所以将展开后的薄层板放入含有碘的容器中，有机化合物即与碘作用而呈现出棕色的斑点。将薄层板自容器取出后，应立即标记斑点的形状和位置。

（3）试剂显色法

除上述显色法之外，还可以根据被分离化合物的性质，采用不同的试剂进行显色（常用显色剂见表 4-4-1）。在使用试剂显色时，首先应将展开的薄层板风干，再将显色剂均匀地喷洒到薄层板上，或将薄层板浸入显色剂中，此时有机物便呈现出不同颜色的斑点。及时标记出斑点的性质和位置。

表 4-4-1　一些常用显色剂

显色剂	配制方法	被检出物质
硫酸	20%硫酸乙醇溶液	通用试剂，加热后显黑色斑点
溴酚蓝	0.05%溴酚蓝的乙醇溶液	检出有机酸
茚三酮	0.38%茚三酮的乙醇溶液	检出胺、氨基酸
2,4-二硝基苯肼	1.94 g 2,4-二硝基苯肼溶于 45 mL 7%的盐酸中	检出醛、酮
硝酸铈铵	6 g 硝酸铈铵溶于 15 mL 2 mol/L 硝酸溶液中	检出醇类

三、主要仪器与试剂

1. 仪　器

烧杯、洗耳球、薄层板（硅胶板）、层析缸（可用小烧杯或称量瓶代替）、毛细管、紫外灯。

2. 试　剂

二苯甲酮、β-萘酚、碘、乙酸乙酯、石油醚。

四、实验步骤

用薄层色谱法分离并鉴别二苯甲酮和 β-萘酚。

（1）分别配制 2%二苯甲酮乙酸乙酯溶液、2% β-萘酚乙酸乙酯溶液及以上两个样品的混合溶液。

（2）将体积比为 10∶1 的石油醚与乙酸乙酯混合溶液 4 mL 加入层析缸中。

（3）在距离硅胶板（2.5 cm × 7.0 cm）底边 1 cm 处用铅笔画一条直线。

（4）用管口平整的毛细管，分别吸取少量的 2%二苯甲酮溶液、2% β-萘酚溶液及混合溶液，于画线处轻轻点样。注意毛细管必须专用，不可弄混。样点间距离 1 cm 左右。点完样品后，晾干，备用。

（5）将点好样的薄层板放入层析缸中，展开剂不得浸过点样线，薄层板展开至溶剂前沿离顶部约 1 cm 时结束。

（6）取出薄层板，在溶剂挥发前迅速将溶剂前沿标出，然后让溶剂挥发至干。

（7）将薄层板放入碘缸中进行显色，取出后迅速标记斑点形状和位置，观察混合试样斑点出现的位置与相应样品斑点是否相符。计算 R_f 值。

五、注意事项

（1）层析缸市场上可以买到。层析缸中的溶剂一般为 2~3 mm 高。若无层析缸，可用小烧杯盖上玻璃板代替。

（2）薄层板市场上可以买到。国内的产品一般是在玻璃板上涂布了硅胶，大小可为 7.5 cm × 2.5 cm。

（3）点样：尽量用小的点样管。如果有足够的耐性，最好只用 1 μL 的点样管。这样，点的斑点较小，展开的色谱图分离度好，颜色分明。样品溶液的含水量越小越好，样品溶液含水量大，点样斑点扩散大。

（4）展开剂的配制：选择合适的量器把各组成溶剂移入分液漏斗，强烈振摇使混合液充分混匀，放置，如果分层，取用体积大的一层作为展开剂。绝对不能把各组成溶液倒入展开缸，振摇展开缸来配制展开剂。混合不均匀和没有分液的展开剂，会造成层析失败。

（5）展开系统的饱和一般使用的是双槽的展开缸，一槽用来放展开剂，另一槽可加入氨水或硫酸。

（6）薄层层析通用显色方法较多，应根据具体的被分析物选择合适的显色方法。

六、思考题

（1）什么是 R_f，化合物的 R_f 值代表的意义是什么？

（2）展开剂的高度超过点样线，对薄层色谱有什么影响？

实验五　色谱（二）　柱层析

一、实验目的

（1）了解柱层析的基本原理和应用。
（2）掌握柱层析的操作技术。

二、实验原理

层析法是一种物理分离方法。柱层析法是层析方法中的一类，分为吸附柱层析法和分配柱层析法。下面主要介绍吸附柱层析法。

吸附柱层析法是分离、纯化和鉴定有机物的重要方法。它是根据混合物中各组分的分子结构和性质（极性）来选择合适的吸附剂和洗脱剂，从而利用吸附剂对各组分吸附能力的不同及各组分在洗脱剂中的溶解性能不同达到分离目的。吸附柱层析法通常是在玻璃层析柱中装入表面积很大、经过活化的多孔性或粉状固体吸附剂（常用的吸附剂有氧化铝、硅胶等）。当混合物溶液流经吸附柱时，各组分同时被吸附在柱的上端，然后从柱顶不断加入溶剂（洗脱剂）洗脱。由于吸附剂对不同化合物的吸附能力不同，混合溶液中各组分随着溶剂下移的速度不同，于是各组分按吸附剂对其吸附能力的强弱顺序在柱中自上而下分成了若干组分，如图 4-5-1 所示。

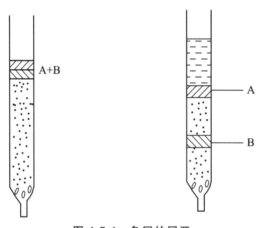

图 4-5-1　色层的展开

在洗脱过程中，柱中连续不断地发生吸附和溶解的交替现象。被吸附的组分被溶解出来，随着溶剂向下移动，又遇到新的吸附剂颗粒，把组分从溶液中吸附出来，而继续流下的新溶剂又使组分溶解而向下移动，这样经过适当时间移动后，各种组分就可以完全分开；继续用溶剂洗脱，吸附能力最弱的组分随溶剂首先流出，再继续加溶剂，直至各组分依次全部由柱中洗出为止，分别收集各组分。

柱层析具体操作流程如下：

1．装 柱

（1）干法装柱——取洁净干燥的层析柱，自柱口塞入少许脱脂棉，并用长玻璃棒推至柱底压平（不宜塞得太紧）。然后从柱口小心装入活性硅胶（160～200 目，于 300～400 ℃ 活化 3～4 h），边装边用手指敲打层析柱，使填装紧密均匀，直至硅胶柱高达 10 cm 时为止。再在柱顶加入一薄层脱脂棉（约 0.5 cm 厚）。将此层析柱固定在铁架台上，下面接一个抽滤瓶。如图 4-5-2 所示。

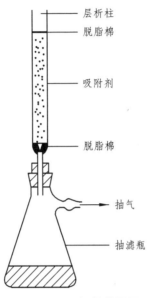

图 4-5-2　层析柱装置图

（2）湿法装柱——色谱柱首先固定并垂直于桌面，把吸附剂用溶剂拌成糊状物，一次性均匀加入盛有溶剂且打开活塞滴放着溶剂的层析柱中，使其紧密、均匀、无气泡，溶剂不能流干。装柱溶剂一般为开始的洗脱溶剂。

2．加 样

可用液体、溶液、固体拌料加入，待柱中溶剂流至刚好浸泡完吸附剂时，关闭活塞，加入样品；开启活塞，待溶剂流至吸附剂上方脱脂棉层时，关闭活塞，然后用少量溶剂洗下粘在柱壁上的样品（2～3 次）。

3．洗 脱

按要求接收各组分。如不确定，则按等分接收，用薄层层析鉴定后，再分别合并各组分。

三、主要仪器与试剂

1．仪 器

层析柱、抽滤瓶、烧杯、铁架台、10 mL 量筒、脱脂棉。

2. 试 剂

硅胶（200～300目）、丙酮、石油醚、乙酸乙酯、菠菜叶。

四、实验步骤

1. 装 柱

取 10 g 硅胶，用体积比 5∶95 的丙酮-石油醚混合溶剂进行湿法装柱。

2. 提取植物色素

用体积比 1∶1 的丙酮-石油醚混合溶剂 10 mL 研磨菠菜叶，取绿色有机层。此溶液必须当次使用，因为叶绿素很快分解。

3. 加 样

取上述提取溶液 0.5～1 mL，沿管壁缓慢上样，并用少量洗脱剂冲洗粘在柱壁上的样品 2～3 次。

4. 洗 脱

用体积比 5∶95 的丙酮-石油醚混合溶剂进行洗脱,洗脱完第一个色带后,改用体积比 2∶8 的丙酮-石油醚混合溶剂洗脱,至分成若干色带即可。

五、注意事项

（1）装柱：柱子下面的活塞一定不要涂润滑剂，否则会被淋洗剂带到产品中，可以采用四氟节门的。层析柱装填紧密与否，对分离效果影响很大。若柱中留有气泡或各部分松紧不匀，会影响渗透速度和显色的均匀。

（2）加样：用少量的溶剂溶解样品，加样，加完后将下面的活塞打开，待溶剂层下降至吸附剂上方脱脂棉层时，再加少量的低极性溶剂。

（3）在吸附柱上端加入脱脂棉是为了加样品和洗脱剂时不致把吸附剂冲起，影响分离效果；在吸附柱下端加入脱脂棉是为了防止吸附剂细粒流出。

（4）为了保持吸附柱的均一性，应该使整个吸附剂浸泡在溶剂或溶液中，即从第一次注入洗脱剂起直至实验完毕，绝不能让柱内液体的液面降至脱脂棉层之下；否则当柱中溶剂或溶液流干时，柱身会干裂。若再重新加入溶剂，会使吸附柱的各部分不均匀而影响分离效果。

六、思考题

（1）为什么极性较大的物质要用极性较大的溶剂洗脱？
（2）层析柱中若留有空气或装填不均匀，会怎样影响分离效果？如何避免？
（3）柱层析的分离原理是什么？

实验六　从肉桂树皮中提取肉桂醛

一、实验目的

（1）了解从天然产物中提取有效成分的方法。

（2）掌握水蒸气蒸馏的装置及其操作方法。

二、实验原理

1. 肉桂醛的性状

香精油存在于许多植物的根、茎、叶、籽和花中，大部分易挥发，难溶于水，且随水蒸气挥发，因此可用水蒸气蒸馏提取。肉桂树皮中香精油的主要成分是肉桂醛，其结构式为

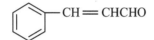

肉桂醛（沸点 252 ℃）纯品是黄色油状液体，相对密度 $d^{20} = 1.049$，微溶于水，易溶于乙醇、二氯甲烷等有机溶剂，在空气中久置易被氧化成肉桂酸。在自然界中，它因存在于肉桂树皮中而得名肉桂醛。本实验利用水蒸气蒸馏法提取肉桂油（主要含肉桂醛）。

2. 水蒸气蒸馏的一般用途

水蒸气蒸馏是分离和纯化有机物的常用方法之一，此法常用于以下几种情况：

（1）从大量树脂状杂质或不挥发性杂质中分离有机物；

（2）除去不挥发性的有机杂质；

（3）从较多固体反应混合物中分离被吸附的液体产物；

（4）蒸馏沸点很高且在接近或达到沸点温度时易分解、变色的挥发性液体或固体有机物，除去不挥发性的杂质；

（5）被提取物不溶或难溶于水；

（6）被提取物在沸腾下与水不发生化学反应；

（7）在 100 ℃ 左右时，该化合物至少具有 1.33 kPa 以上的蒸气压。

3. 水蒸气蒸馏的实验装置

水蒸气蒸馏装置包括水蒸气发生器、蒸馏、冷凝和接收器四部分（图 4-6-1）。

水蒸气发生瓶中水约占容器容积 3/4 为宜，安全玻璃管几乎插到发生器的底部。当容器内气压太大时，水可沿着玻璃管上升，以调节内压。如果系统发生阻塞，水便会从安全管的上口喷出，此时应检查导管是否被阻塞。

蒸馏部分通常是用 50 mL 以上的长颈圆底烧瓶。为了防止瓶中液体因跳溅而冲入冷凝管内，将烧瓶的位置向发生器的方向倾斜 45°。蒸馏的液体量不宜超过其容积的 1/3。水蒸气导入管应正对烧瓶底中央，距瓶底 8~10 mm，导出管连接在一直形冷凝管上。

水蒸气导出管与蒸馏部分导管之间由 T 形管相连接。T 形管下端连一个螺旋夹，以便用来除去水蒸气中冷凝下来的水滴，应尽量缩短水蒸气发生器与蒸馏部分之间的距离，以减少水蒸气的冷凝。有时在操作发生不正常的情况下，可使水蒸气发生器与大气相通。

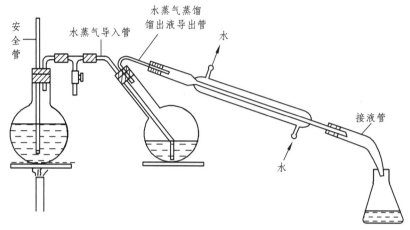

图 4-6-1　水蒸气蒸馏装置

4. 水蒸气蒸馏的操作

进行水蒸气蒸馏时，先将溶液（混合液或混有少量水的固体）置于长颈圆底烧瓶中，然后在水蒸气发生瓶中，加入约占容器容积 3/4 的水，待检查整个装置不漏气后，旋开 T 形管的螺旋夹，加热至沸。当有大量水蒸气产生并从 T 形管的支管冲出时，立即旋紧螺旋夹，水蒸气便进入蒸馏部分，开始蒸馏。为了使蒸气不致在长颈圆底烧瓶中冷凝而使待蒸馏液体的体积增加，必要时可在其下置一石棉网，用小火加热。必须控制加热速度，使蒸气能全部在冷凝管中冷凝下来。如果随水蒸气挥发的物质具有较低的熔点，在冷凝后易析出固体，则应调小冷凝水的流速，使它冷凝后仍然保持液态。假如已有固体析出，并且接近阻塞时，可暂时停止冷凝水的流通，甚至需要将冷凝水暂时放去，以使物质熔融后流入接收器中。如果冷凝管已经阻塞，应立即停止蒸馏，并设法疏通（如用玻璃棒将阻塞的晶体捅出或用电吹风的热风吹化结晶，也可在冷凝管夹套中灌以热水使之熔出）。

在蒸馏过程中，通过水蒸气发生器安全管中水面的高低，可以判断水蒸气蒸馏系统是否畅通，若水面上升很高，说明某一部分被阻塞了，这时应立即旋开螺旋夹，然后移去热源，拆下装置进行检查（通常是由于水蒸气导入管被树脂状物质或焦油状物堵塞）和处理。

当馏出液无明显油珠，澄清透明时，便可停止蒸馏。在蒸馏需要中断或蒸馏完毕后，一定要先打开螺旋夹使系统与大气相通，然后方可停止加热，否则长颈圆底烧瓶中的液体会倒吸入发生器中。

馏出物和水的分离方法，根据具体情况决定。

三、主要仪器与试剂

1. 仪 器

20 mL 长颈圆底烧瓶、50 mL 圆底烧瓶、安全管、T 形管、蒸馏头、直形冷凝管、接液管、分液漏斗、三角烧瓶、电炉、阿贝折光仪。

2. 试 剂

肉桂树皮粉、1% Br_2-CCl_4 溶液、2,4-二硝基苯肼试剂、Tollen 试剂、Schiff 试剂。

四、实验步骤

1. 肉桂醛的提取

在 50 mL 水蒸气发生器的圆底烧瓶中加入 35 mL 热水,在 20 mL 长颈圆底烧瓶中加入 3 g 研细的桂皮粉和 8 mL 热水,按图 4-6-1 装好仪器。然后开始水蒸气蒸馏。肉桂醛与水的混合物以乳浊液流出,当馏出液澄清透明时,蒸馏完毕,收集到馏出液 5 ~ 6 mL。将馏出液转移到 15 mL 分液漏斗中,用乙醚萃取两次,每次 2 mL。弃去水层,乙醚层移入小试管中,加入少量无水硫酸钠干燥,20 min 后,倾出萃取液,在通风橱内用水浴加热蒸去乙醚,得肉桂醛。用毛细滴管吸取 1 滴,在阿贝折光仪上测其折光率。

2. 肉桂醛的性质实验

(1)取提取液 1 滴于试管中,加入 1 滴 1% Br_2-CCl_4 溶液,观察红棕色是否褪去。

(2)取提取液 2 滴于试管中,加入 2 滴 2,4-二硝基苯肼试剂,观察有无黄色沉淀生成。

(3)取提取液 1 滴于试管中,加入 2 ~ 3 滴 Tollen 试剂,水浴加热,观察有无银镜产生。

(4)取提取液 1 滴于试管中,加入 2 滴 Schiff 试剂,振荡,1 min 后,观察有无深紫红色出现(若紫红色不出现,可采用水浴微热 2 ~ 3 min,紫红色将出现)。

五、注意事项

(1)开始蒸馏前必须检查装置的气密性。

(2)水占圆底烧瓶容积的 3/4。

(3)蒸馏的液体量不能超过蒸馏烧瓶容积的 1/3。

(4)开始时,先打开 T 形管,加热水蒸气发生器至产生大量蒸气,关闭 T 形管,开冷凝水,进行蒸馏。

(5)实验过程中要随时观察安全管水面的高低。

(6)实验完毕,先旋开 T 形管,移去热源。

六、思考题

(1)进行水蒸气蒸馏时,水蒸气导入管的末端为什么要插入接近容器的底部。

（2）在水蒸气蒸馏过程中，经常要检查什么事项？若安全管中水位上升很高，说明出现了什么问题，如何处理才能解决？

（3）水蒸气蒸馏用于分离和纯化有机物时，被提纯物质应该具备什么条件？水蒸气发生器通常盛水量为多少？

（4）蒸馏瓶所装液体体积应为瓶容积的多少？蒸馏中需停止蒸馏或蒸馏完毕后的操作步骤是什么？

附：产物谱图

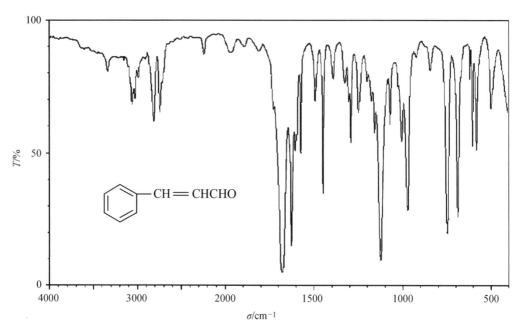

图 4-6-2　肉桂醛的红外光谱图

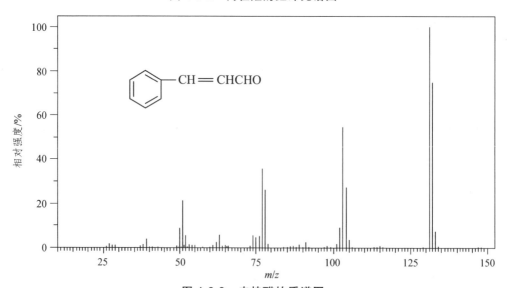

图 4-6-3　肉桂醛的质谱图

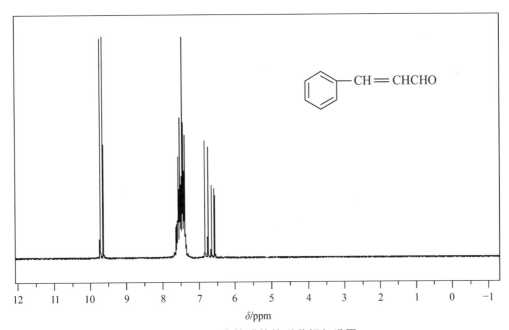

图 4-6-4　肉桂醛的核磁共振氢谱图

实验七　从红辣椒中提取辣椒红素

一、实验目的

（1）掌握提取天然色素的方法。
（2）通过薄层色谱的方法分析辣椒红色素。
（3）掌握红辣椒中提取辣椒红素的工艺。
（4）培养利用优势资源进行开发和创新的能力。

二、实验原理

1. 辣椒红素的性状

红辣椒中含有辣椒红素、辣椒玉红素和β-胡萝卜素等几种色泽鲜艳的色素，其中以辣椒红素为主。辣椒红素不仅色泽鲜艳、热稳定性好，而且耐光、耐热、耐酸碱、耐氧化，无毒副作用，是高品质的天然色素。目前，辣椒红素已被世界各国审定为无限性使用的天然食品添加剂，是世界销量最大的天然色素之一，也是最走俏的产品之一，广泛用于化妆品、保健药品等行业，具有很大的国际国内市场潜力，前景乐观。

辣椒红素是由 8 个异戊二烯单元组成的四萜类化合物（结构如下），难溶于水和乙醇，易溶于石油醚、氯仿和二氯甲烷，最大吸收波长 λ_{max} = 470 nm。

2. 辣椒红素的提取方法

在实验室中，常用二氯甲烷做溶剂从红辣椒中提取辣椒红素。用二氯甲烷提取的物质除上述几种物质外还有辣椒素等，可利用辣椒红素易溶于正己烷，而辣椒素较难溶于正己烷的性质将两者进行分离，得到辣椒红素、辣椒玉红素和β-胡萝卜素等的混合物。混合物可通过薄层层析和柱层析对其进行分离。在薄层层析中，有三个斑点，R_f 值约为 0.6 的较大红色斑点为辣椒红素，R_f 值稍大的较小红色斑点为辣椒玉红素，R_f 值最大的黄色斑点是β-胡萝卜素（图 4-7-1）。

柱层析时，以硅胶为吸附剂，以二氯甲烷为洗脱剂，可比较容易地将 3 种物质分开。最后，通过红外光谱仪测辣椒红素的红外光谱图，并将其与标准谱图对照，便可证明所得到的主要物质是否为辣椒红素。

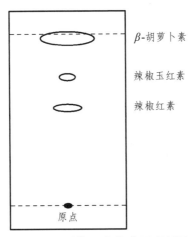

图 4-7-1　辣椒红素的薄层层析图

三、主要仪器与试剂

1. 仪　器

50 mL 圆底烧瓶、25 mL 锥形瓶（3 个）、50 mL 量筒、50 mL 烧杯（2 个）、研钵、球形冷凝管、层析板、层析缸、抽滤瓶、布氏漏斗、磁力加热搅拌器。

2. 试　剂

干红辣椒、二氯甲烷、石油醚、硅胶 G 板。

四、实验步骤

1. 预处理

称取 5 g 干红辣椒，将干红辣椒去蒂、去籽，研磨成粉末。

2. 色素提取

按照图 4-7-2 装好回流装置。在 50 mL 圆底烧瓶中加入 3 g 磨细的红辣椒粉和 25 mL 二氯甲烷，再放入磁力搅拌子，搅拌回流 30 min。冷却至室温后抽滤，除去固体物，得鲜红色滤液。将滤液用蒸馏法蒸去溶剂，即得粗产品。

3. 薄层层析分离

（1）点样：在薄层板一端距边缘约 1.0 cm 处用铅笔轻轻画一条直线作为点样线。取少量粗产品放入小试管中，加入 10 滴二氯甲烷溶解，用毛细

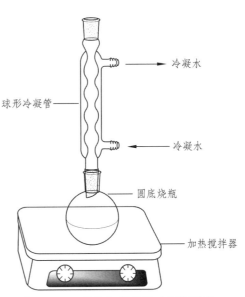

图 4-7-2　辣椒红素的回流提取装置

管取此溶液在硅胶 G 板上点样，斑点直径不超过 2 mm。

（2）层析：将点好样的薄层板放入盛有二氯甲烷展开剂的层析缸中进行层析。当展开剂达到该板的指定前沿时，取出层析板，用吹风机吹干或晾干，将该板与红辣椒色素的薄层色谱图比较，并计算辣椒红素的 R_f 值。

五、注意事项

（1）回流时速度不宜过快，以防浸泡提取不充分。
（2）回收溶剂时温度不宜过高，以防止溶剂爆沸；另外，尽量将溶剂蒸干。
（3）不可用同一支毛细管吸取不同的样液。

六、思考题

（1）如何提取并分离、鉴定辣椒红素？
（2）天然产物的提取工艺中应考虑哪些影响因素？

附：产物谱图

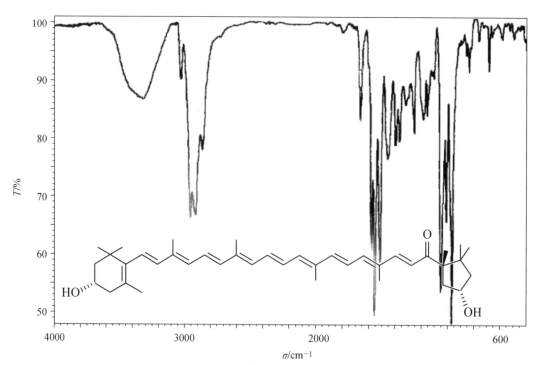

图 4-7-3 辣椒红素的红外光谱图

实验八　从茶叶中提取咖啡碱

一、实验目的

（1）学习提取生物碱的方法。
（2）学习索氏提取器的原理及使用方法。
（3）学会升华操作。

二、实验原理

1. 咖啡碱的性状

茶叶中含有多种生物碱，其中咖啡碱（或称咖啡因，caffeine）含量 1%～5%，丹宁酸（或称鞣酸）为 11%～12%，色素、纤维素、蛋白质等约占 0.6%。

咖啡碱又称咖啡因，有强烈的苦味，是弱碱性化合物，易溶于氯仿、水、热苯等。咖啡碱具有刺激心脏，兴奋大脑神经和利尿作用，可用作中枢神经兴奋剂。现代制药工业多用合成方法来制得咖啡碱。

咖啡碱为嘌呤衍生物，化学名称是 1, 3, 7-三甲基-2, 6-二氧嘌呤，其结构式如下：

嘌呤（Purine）　　　　　　咖啡碱（Caffeine）

含结晶水的咖啡碱为白色针状结晶粉末，味苦，能溶于水、乙醇、丙酮、氯仿等，微溶于石油醚。在 100 ℃ 时失去结晶水，开始升华；120 ℃ 时升华显著；178 ℃ 以上升华加快。无水咖啡碱的熔点为 238 ℃

从茶叶中提取咖啡碱，是用适当的溶剂（氯仿、乙醇、苯等）在索氏提取器中连续抽提，浓缩得粗咖啡碱。粗咖啡碱中还含有一些其他的生物碱和杂质，可利用升华进一步提纯。咖啡碱是弱碱性化合物，能与酸成盐，其水杨酸盐衍生物的熔点为 138 ℃，可借此进一步验证其结构。

2. 咖啡碱的提取方法

索氏（Soxhlet）提取器由烧瓶、提取筒（抽提筒）、回流冷凝管 3 部分组成，装置如图 4-8-1 所示。索氏提取器是利用溶剂的回流及虹吸原理，使固体物质每次都被纯的热溶剂所萃取，减少了溶剂用量，缩短了提取时间，因而效率较高。萃取前，应先将固体物质研细，以增加溶剂浸溶面积。然后将研细的固体物质装入滤纸筒，再置于抽提筒中，烧瓶内盛溶剂，并与抽提筒相连，抽提筒上端接冷凝管。溶剂受热沸腾，其蒸气沿抽提筒侧管上升至冷凝管，冷凝为液体，滴入滤纸筒中，并浸泡筒中样品。当液面超过虹吸管最高处时即虹吸流回烧瓶中，从而萃取出溶于溶剂的部分物质。如此多次重复，把被提取的物质富集于烧瓶内。提取液经浓缩除去溶剂后，即得产物，必要时可用其他方法进一步纯化。

三、主要仪器与试剂

1. 仪 器

25 mL 烧杯、表面皿、50 mL 圆底烧瓶、蒸馏头、索氏提取器。

2. 试 剂

1.2 g 生石灰、3 g 茶叶、30 mL 95%乙醇。

四、实验步骤

1. 提 取

按图 4-8-1 安装好索氏提取装置。称取 2 g 茶叶，研细后，放入索氏提取器的滤纸套筒中，在圆底烧瓶中加入 30 mL 95%乙醇，电热套加热，连续提取约 1 h，至提取液为浅色后，停止加热。稍冷，改成蒸馏装置，回收提取液中的大部分乙醇。

2. 升 华

趁热将瓶中的粗提液倾入蒸发皿中，拌入 1.2 g 生石灰粉，在蒸气浴上蒸干，其间应不断搅拌，并压碎块状物。然后在加热套上加热焙炒片刻，除去全部水分。冷却后，擦去粘在边上的粉末，以免升华时污染产物。在蒸发皿上刺有许多小孔的滤纸，将口径合适的玻璃漏斗罩在蒸发皿上小心加热升华。控制温度在 220 ℃ 左右（此时纸微黄），当滤纸上出现许多白色毛状结晶时，停止加热，自然冷却至 100 ℃ 左右。小心取下漏斗，揭开滤纸，用刮刀将纸上和器皿周围的咖啡碱刮下。残渣经拌和后用较大的火再加热片刻，使升华完全。合并两次收集的咖啡碱，称重并测定熔点。纯咖啡碱的熔点为 234.5 ℃。

五、注意事项

（1）滤纸套筒大小要合适，以既能紧贴器壁，又能方便取放为宜，其高度不得超过虹吸管。要注意茶叶末不能掉出

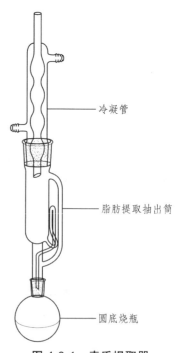

冷凝管

脂肪提取抽出筒

圆底烧瓶

图 4-8-1 索氏提取器

滤纸套筒，以免堵塞虹吸管。纸套上面折成凹形，以保证回流液均匀浸润被萃取物。也可以用塞棉花的方法代替滤纸套筒，用少量棉花轻轻堵住虹吸管口。

（2）瓶中乙醇不可蒸得太干，否则残液很黏，转移时损失较大。可用少量蒸出的乙醇洗一次蒸馏瓶，洗液一并倒入蒸发皿中。

（3）生石灰起吸水和中和作用，以除去部分酸性杂质。

（4）在萃取回流充分的情况下，升华操作是实验成败的关键。升华过程中，始终都须用小火间接加热。如温度太高，会使产物发黄。注意温度计应放在合适的位置，使其正确反映出升华的温度。

六、思考题

（1）提取咖啡碱时，升华中用到生石灰，它起什么作用？

（2）从茶叶中提取出的粗咖啡碱有绿色光泽，为什么？

（3）为什么采用升华可以得到较纯的咖啡碱？

（4）升华操作时应注意哪些问题？

附：产物谱图

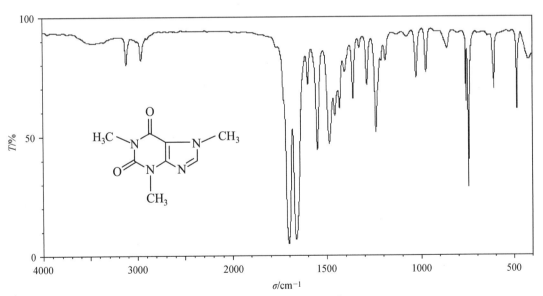

图 4-8-2 咖啡碱的红外光谱图

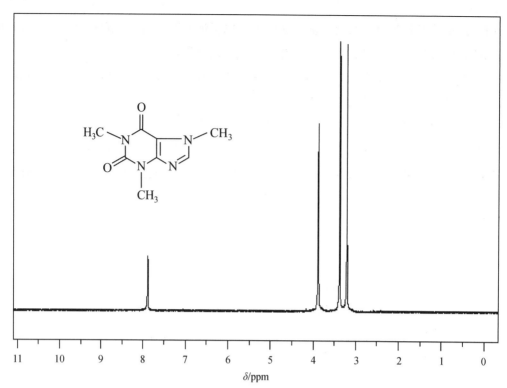

图 4-8-3　咖啡碱的核磁共振氢谱图

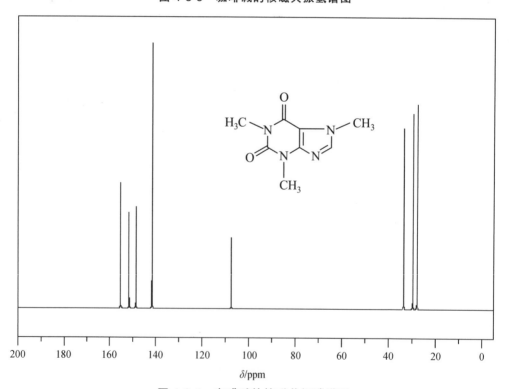

图 4-8-4　咖啡碱的核磁共振碳谱图

实验九　乙酸乙酯的制备

一、实验目的

（1）熟悉和掌握酯化反应的特点。
（2）掌握酯的制备方法。
（3）掌握分水器的使用以及蒸馏、分液等操作。
（4）学习阿贝折光率仪的使用。

二、实验原理

在少量酸（H_2SO_4 或 HCl）催化下，羧酸和醇反应生成酯，这个反应叫做酯化反应（esterification reaction）。该反应通过加成—消去过程，质子活化的羰基被亲核的醇进攻发生加成，在酸作用下脱水成酯。该反应为可逆反应，为了使反应完全，一般采用大量过量反应试剂（根据反应物的价格，过量酸或过量醇）。有时可以加入与水恒沸的物质，不断从反应体系中带出水，平衡移动（即减小产物的浓度）。在实验室中也可以采用分水器来完成。

酯化反应的可能历程为

乙酸乙酯的合成方法有很多，例如，可由乙酸或其衍生物与乙醇反应制取，也可由乙酸钠与卤乙烷反应来合成等。其中最常用的方法是在酸催化下由乙酸和乙醇直接酯化。常用浓硫酸、氯化氢、对甲苯磺酸或强酸性阳离子交换树脂等做催化剂。若用浓硫酸做催化剂，其用量是醇的 3% 即可。其反应为

主反应：$CH_3COOH + CH_3CH_2OH \xrightarrow{H_2SO_4} CH_3COOCH_2CH_3 + H_2O$

副反应：$2CH_3CH_2OH \xrightarrow{H_2SO_4} CH_3CH_2OCH_2CH_3 + H_2O$

$CH_3CH_2OH \xrightarrow{H_2SO_4} CH_2 = CH_2 + H_2O$

酯化反应为可逆反应，提高产率的措施为：一方面加入过量的乙醇，另一方面在反应过程中不断蒸出生成的产物和水，促使平衡向生成酯的方向移动。但是，酯和水或乙醇形成的共沸物的沸点与乙醇接近，为了能蒸出生成的酯和水，又尽量使乙醇少蒸出来，本实验采用较长的分馏柱进行分馏。

三、主要仪器与试剂

1. 仪　器

恒压漏斗、三口圆底烧瓶、温度计、刺形分馏柱、蒸馏头、直形冷凝管、接引管和锥形瓶。

2. 试　剂

冰醋酸、95%乙醇、浓硫酸、饱和碳酸钠溶液、饱和食盐水、饱和氯化钙溶液、无水碳酸钾。

四、实验步骤

1. 反　应

如图 4-9-1 所示，在 100 mL 三口烧瓶中的一侧口装配一恒压滴液漏斗，滴液漏斗的下端通过一根橡皮管连接一 J 形玻璃管，伸到三口烧瓶内离瓶底约 3 mm 处，另一侧口固定一支温度计，中口装配 – 分馏柱、蒸馏头、温度计及直型冷凝管。冷凝管的末端连接接引管及锥

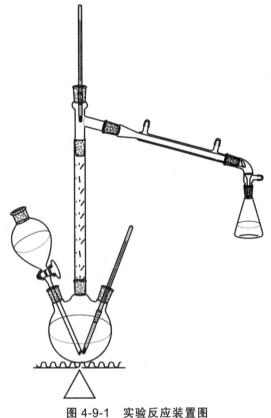

图 4-9-1　实验反应装置图

形瓶，锥形瓶用冰水浴冷却。在一小锥形瓶中放入 3 mL 乙醇，一边摇动，一边慢慢加入 3 mL 浓硫酸，并将此溶液倒入三口烧瓶中。配制 15.5 mL 乙醇和 14.3 mL 冰醋酸的混合溶液，倒入滴液漏斗中。用油浴加热烧瓶，保持油浴温度在 140 °C 左右，反应体系温度在 120 °C 左右。然后把滴液漏斗中的混合溶液慢慢滴加到三口烧瓶中，调节加料的速度，使和酯蒸出的速度大致相等。加料约 90 min，保持反应物温度 120~125 °C。滴加完毕后，继续加热约 10 min，直到不再有液体流出为止。

2. 纯化

反应完毕后，将饱和碳酸钠很缓慢地加入馏出液中，直到无二氧化碳气体逸出为止。饱和碳酸钠溶液要少量分批地加入，并要不断地摇动接收器（为什么？）。把混合液倒入分液漏斗中，静置，放出下面的水层。用石蕊试纸检验酯层。如果酯层仍显酸性，再用饱和碳酸钠溶液洗涤，直到酯层不显酸性为止。用等体积的饱和食盐水洗涤（为什么？），放出下层废液。从分液漏斗上口将乙酸乙酯倒入干燥的小锥形瓶内，加入无水碳酸钾干燥，放置约 20 min，在此期间要间歇震荡锥形瓶。把干燥的粗乙酸乙酯滤入 50 mL 烧瓶中，装配蒸馏装置，在水浴上加热蒸馏，收集 74~80 °C 的馏分。产品为无色液体，折光率 $n_{\mathrm{D}}^{20} = 1.3728$。

五、注意事项

（1）加料滴管和温度计必须插入反应混合液中，加料滴管的下端离瓶底约 5 mm 为宜。

（2）加浓硫酸时，必须慢慢加入，并充分振荡烧瓶，使其与乙醇混合均匀，以免在加热时因局部酸过浓引起有机物炭化等副反应。

（3）反应瓶里的反应温度可用滴加速度来控制。温度接近 125 °C，适当滴加快点；温度降到接近 110 °C，可滴加慢点；降到 110 °C 时停止滴加，待温度升到 110 °C 以上时，再滴加。

（4）本实验酯的干燥用无水碳酸钾，通常至少干燥半个小时以上，最好放置过夜。但在本实验中，为了省时间，可放置 10 min 左右。由于干燥不完全，可能前馏分较多。

六、思考题

（1）酯化反应有什么特点？本实验如何创造条件使酯化反应尽量向生成酯的方向移动？

（2）本实验有哪些可能的副反应？

（3）如果采用醋酸过量是否可以，为什么？

附：主要试剂的物理常数

表 4-9-1　本实验中的主要试剂的物理常数

名　称	分子量	性状	折光率	比重	熔点 / °C	沸点 / °C	溶解度（g/100 mL 溶剂）		
							水	醇	醚
冰醋酸	60.05	无色液体	1.3716	1.049	16.6	118.1	∞	∞	∞
乙醇	46.07	无色液体	1.36	0.780	−114.5	78.4	∞	∞	∞
乙酸乙酯	88.10	无色液体	1.3727	0.905	−83.6	77.3	85	∞	∞

产物谱图

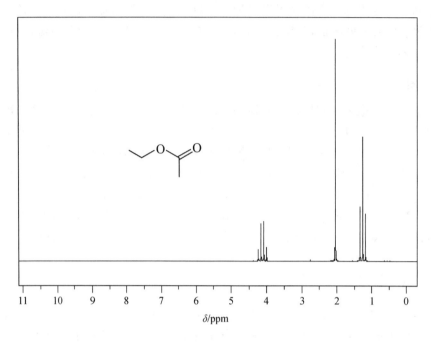

图 4-9-2　乙酸乙酯的核磁共振氢谱图

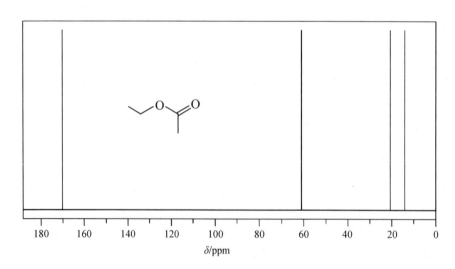

图 4-9-3　乙酸乙酯的核磁共振碳谱图

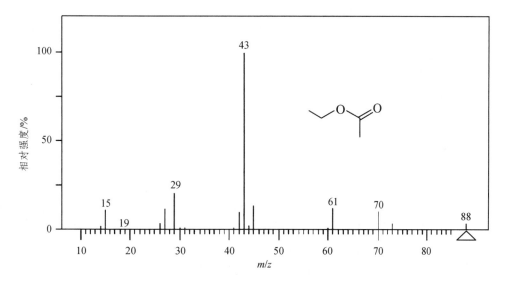

图 4-9-4　乙酸乙酯的质谱图

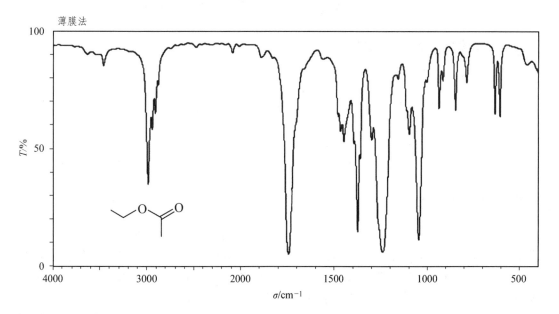

图 4-9-5　乙酸乙酯的红外光谱图

实验十　环己醇的制备

一、实验目的

（1）掌握利用硼氢化物还原醛、酮制备醇的方法。
（2）进一步熟练掌握萃取、蒸馏等操作技术。

二、实验原理

醇是有机化合物中的一大类，是脂肪烃、脂环烃侧链中的氢原子被羟基取代而成的化合物。一般所指的醇，羟基是与一个饱和的、sp^3杂化的碳原子相连。醇在日常生活和工业生产中的应用非常广泛，是非常重要的一类化合物。在工业生产中，醇的制备主要通过淀粉发酵、烯烃水合、羰基的还原和加成反应。而在实验室通过羰基的还原制备相应的醇是非常重要的一种合成方法，常用的还原剂有四氢铝锂、硼氢化钠、硼烷等。硼氢化钠是较温和的还原剂，与其他还原剂相比具有稳定、温和、化学选择性好等特点，提供了一种非常便利、温和的还原醛、酮类物质的方法。本实验以环己醇的制备为例，学习利用硼氢化钠还原醛酮的方法如下。

三、主要仪器与试剂

1. 仪　器

25 mL 圆底烧瓶、球形冷凝管、空气冷凝管、25 mL 分液漏斗。

2. 试　剂

1.6 g（0.016 mol）环己酮、甲醇、0.4 g（0.01 mol）硼氢化钠、二氯甲烷、无水硫酸钠。

四、实验步骤

在 25 mL 圆底烧瓶中加入 1.6 g 环己酮和 10 mL 甲醇，加入磁力搅拌子，在搅拌条件下分批并缓慢地加入 0.4 g 硼氢化钠。加完后安装回流冷凝管，然后充分搅拌，使硼氢化钠溶解，溶解后继续搅拌 0.5 h。反应完毕后加入 5 mL 水，换成蒸馏装置，蒸去甲醇。冷却后，将剩余反应液倒入分液漏斗中，加入冰冷的饱和食盐水 15 mL，充分振摇，然后静置分层。分出有机层，水层用 15 mL 二氯甲烷分 3 次萃取，合并有机层，用无水硫酸钠干燥，过滤，滤液经蒸馏，收集 159 ~ 163 ℃ 的馏分，得环己醇，称重并计算产率。环己醇沸点为 161.1 ℃，折光率 $n_{\mathrm{D}}^{22} = 1.4641$。

本实验约需 2 h。

五、注意事项

（1）硼氢化钠还原过程中会放热，同时释放出气体，所以硼氢化钠的加入速度一定要慢，防止反应过于剧烈。

（2）反应完成后加入冰冷的饱和食盐水是为了消耗剩余硼氢化钠，同时降低反应速率。

六、思考题

（1）由环己酮还原成环己醇时，还可用什么还原剂？各种还原剂的优缺点是什么？

（2）反应完毕后，加入冰冷饱和食盐水的目的是什么？

（3）为什么要分批加入硼氢化钠？

附：主要试剂的物理常数

表 4-10-1　本实验中主要试剂的物理常数

名　称	分子量	密度/g·mL^{-1}	熔点/℃	沸点/℃	折光率	溶解度
环己酮	98.15	0.9478	−16.4	155.65	1.4507	微溶于水，溶于乙醇、醚等有机溶剂
环己醇	100.16	0.9624	25.93	160.84	1.4641	微溶于水，可溶于乙醇、乙醚等有机溶剂
硼氢化钠	37.83	—	>300	500	—	溶于水，微溶于乙醇、甲醇，不溶于乙醚

产物谱图

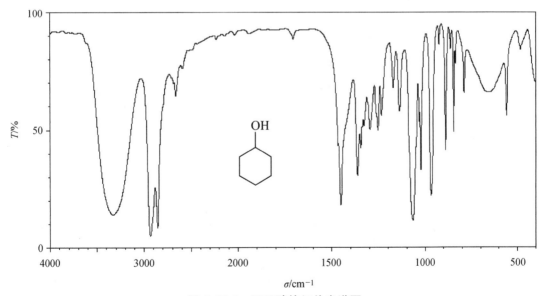

图 4-10-1　环己醇的红外光谱图

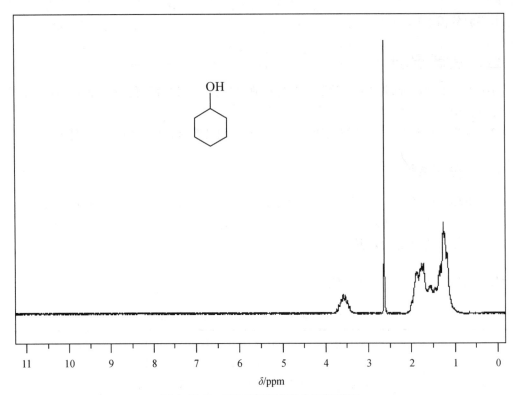

图 4-10-2　环己醇的核磁共振氢谱图

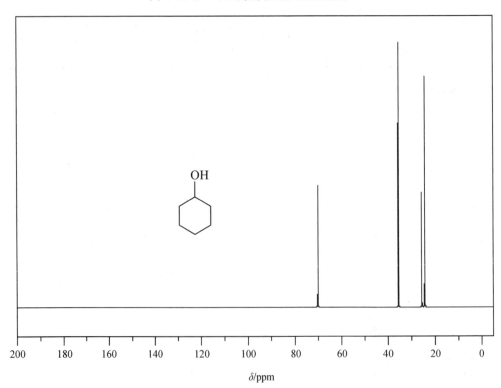

图 4-10-3　环己醇的核磁共振碳谱图

实验十一　环己烯的制备

一、实验目的

（1）学习在酸催化下醇脱水制取烯烃的原理和方法。
（2）了解简单蒸馏、分馏原理，初步掌握简单蒸馏和分馏的装置及操作。
（3）掌握使用分液漏斗洗涤的基本操作及液体干燥的方法。

二、实验原理

烯烃是重要的有机化工原料。工业上最常用的合成途径是通过石油裂解来制备，有时也可通过醇在氧化铝等催化剂作用下，经高温脱水来制取。实验室主要是利用浓硫酸、浓磷酸做催化剂，使醇脱水或卤代烃在醇钠作用下脱卤化氢来制备。

本实验采用浓磷酸做催化剂，使环己醇脱水来制备环己烯。反应式如下：

主反应：

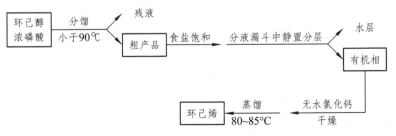

醇的脱水是在强酸催化下的单分子消除反应，为可逆反应。为提高反应产率，本实验采用边反应边分馏的方法，将环己烯不断蒸出，从而使平衡向右移动。

实验流程如图 4-11-1 所示。

图 4-11-1　实验室制备环己烯的流程

三、主要仪器与试剂

1. 仪　器

50 mL 圆底烧瓶、分馏柱、直形冷凝管、蒸馏头、温度计套管、接液管、25 mL 锥形瓶、量筒、150 ℃ 水银温度计。

2. 试　剂

9.6 g（10 mL，0.096 mol）环己醇，5 mL 85%磷酸、饱和食盐水、无水氯化钙。

四、实验步骤

按图 4-11-2 安装仪器。由于该装置较高，因此，安装时要求圆底烧瓶、分馏柱及直形冷凝管均固定在铁架台上，做到平稳、接口严密。

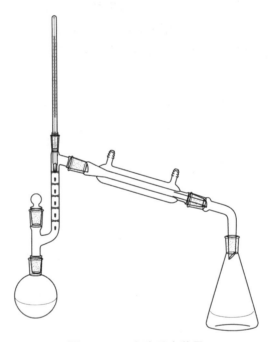

图 4-11-2　实验反应装置

在 50 mL 干燥的圆底烧瓶中加入磁力搅拌子、10 mL 环己醇和 5 mL 85%磷酸，充分搅拌使两种液体混合均匀。按照反应装置图安装仪器，用小锥形瓶做接收器，置于碎冰浴中冷却。

缓慢加热混合物至沸腾，以较慢速度进行蒸馏，并控制分馏柱顶部温度不超过 73 ℃，馏出液为带水的混合物。当无液体馏出时，升高温度，继续蒸馏。当温度达到 85 ℃ 时，烧瓶中只剩下很少量的残渣并出现阵阵白雾，停止加热。

小锥形瓶中的馏出液用食盐饱和，然后转移至 25 mL 分液漏斗中，摇匀后静置，待液体分层。分去水层，油层转移到干燥的小锥形瓶中，加入少量的无水氯化钙干燥。

将干燥后的粗制环己烯进行蒸馏，收集 80～85 ℃的馏分。所用的蒸馏装置必须是干燥的。产量：4～5 g。

纯环己烯为无色透明液体，沸点 83 ℃，折光率 $n_D^{20} = 1.4465$。

本实验约需 2.5 h。

五、注意事项

（1）环己醇在室温下为黏稠的液体，量筒内的环己醇难以倒净，会影响产率。若采用称量法则可避免损失。

（2）磷酸有一定的氧化性。因此，磷酸和环己醇必须混合均匀后才能加热；否则反应物会被氧化，在加热过程中可能会局部炭化。

（3）小火加热至沸腾，调节加热速度，以保证反应速度大于蒸出速度，使分馏得以连续进行，控制柱顶温度不超过 85 ℃，防止未反应的环己醇蒸出，降低反应产率。反应时间约 40 min。

（4）用饱和 NaCl 水溶液洗涤的目的是洗去有机层中的水溶性杂质，减少有机物在水中的溶解度。

（5）洗涤操作（分液漏斗的使用）：

① 洗涤前首先检查分液漏斗旋塞的严密性。

② 洗涤时要做到充分轻振荡，切忌用力过猛，振荡时间过长，否则将形成乳浊液，难以分层，给分离带来困难。一旦形成乳浊液，可加入少量食盐等电解质或水，使之分层。

③ 振荡后，注意及时打开旋塞，放出气体，以使内外压力平衡。放气时要使分液漏斗的尾管朝上，切忌尾管朝人。

（6）干燥剂的用量应适量，过少，水没除尽，蒸馏中前馏分较多；过多，干燥剂会吸附产品，降低产率。

（7）反应终点的判断：

① 圆底烧瓶中出现白雾；

② 柱顶温度下降后又回升至 85 ℃以上。

（8）粗产物要充分干燥后方可进行蒸馏。蒸馏所用仪器（包括接收器）要全部干燥。

（9）最好用简易空气浴，使蒸馏时受热均匀。由于反应中环己烯与水形成共沸物（沸点 70.8 ℃，含水 10%），环己醇与环己烯形成共沸物（沸点 64.9 ℃，含环己醇 30.5%），环己醇与水形成共沸物（沸点 97.8 ℃，含水 80%），因此，加热时温度不可过高，蒸馏速度不宜太快，以减少未反应的环己醇蒸出。

（10）水层应尽可能分离完全，否则将增加无水氯化钙的用量，使产物更多地被干燥剂吸附而造成损失。用无水氯化钙干燥，还可除去少量环己醇。

六、思考题

（1）在粗制的环己烯中，加入食盐使水层饱和的目的是什么？

（2）在蒸馏终止前，出现的阵阵白雾是什么？

（3）下列物质：3-甲基-1-丁醇、3-甲基-2-丁醇、3,3-二甲基-2-丁醇，用浓硫酸进行脱水反应的主要产物是什么？

附：主要试剂的物理常数

表 4-11-1　本实验中主要试剂的物理常数

名称	分子量	密度 /g·mL^{-1}	熔点/℃	沸点/℃	折光率	溶解度
环己醇	100.16	0.9624	25.5	161	1.461	微溶于水，溶于乙醇、醚等有机溶剂
环己烯	82.14	0.810	-103.7	83.3	1.4450	难溶于水，易溶于醇、醚等有机溶剂

产物谱图

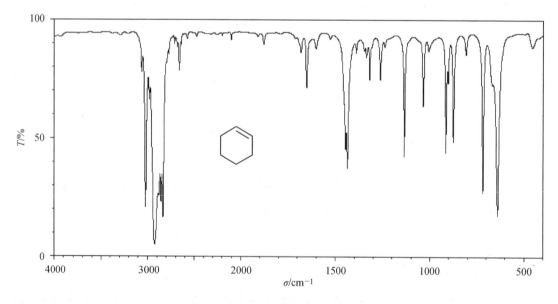

图 4-11-3　环己烯的红外光谱图

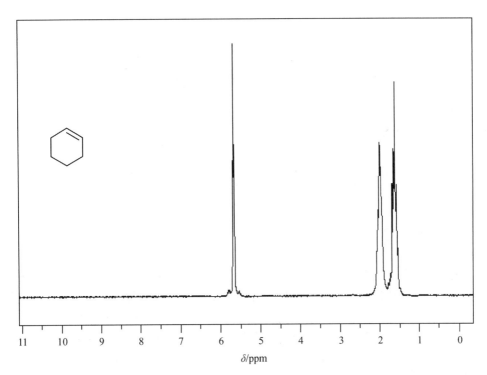

图 4-11-4 环己烯的核磁共振氢谱图

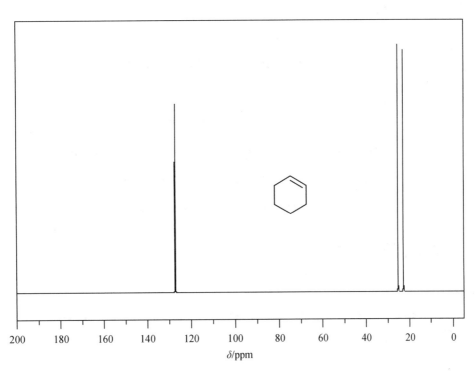

图 4-11-5 环己烯的核磁共振碳谱图

实验十二 1-溴丁烷的制备

一、实验目的

（1）掌握以溴化钠、浓硫酸和正丁醇制备 1-溴丁烷的原理和方法。
（2）掌握回流及有害气体吸收装置、分液漏斗的使用方法。

二、实验原理

卤代烷是一类重要的有机合成中间体。其制备的一种重要方法是由醇与氢卤酸发生亲核取代反应。在实验室制备正溴丁烷是用正丁醇与氢溴酸反应得到的。氢溴酸是一种极易挥发的无机酸，因此在制备时采用溴化钠与硫酸作用产生氢溴酸，直接参与反应。

在反应中，过量的硫酸可以起到促使平衡移动的作用，通过产生更高浓度的氢溴酸促使反应加速，同时可以将反应中生成的水质子化，阻止卤代烷通过水的亲核进攻而返回到醇。但硫酸的存在易使醇生成烯和醚等副产物，因而要控制硫酸的用量。主要反应如下。

主反应：

$$NaBr + H_2SO_4 \longrightarrow HBr + NaHSO_4$$

$$n\text{-}C_4H_9OH + HBr \longrightarrow n\text{-}C_4H_9Br + H_2O$$

副反应：

$$n\text{-}C_4H_9OH \xrightarrow{H_2SO_4} CH_3CH_2CH = CH_2 + H_2O$$

$$2\,n\text{-}C_4H_9OH \xrightarrow{H_2SO_4} CH_3CH_2CH_2CH_2OCH_2CH_2CH_2CH_3 + H_2O$$

$$2NaBr + H_2SO_4 \longrightarrow Br_2 + SO_2（g） + 2H_2O + 2NaHSO_4$$

$$2HBr + H_2SO_4 \longrightarrow Br_2 + SO_2（g） + 2H_2O$$

三、主要仪器与试剂

1. 仪 器

10 mL 圆底烧瓶、蒸馏头、直形冷凝管、球形冷凝管、接液管、三角烧瓶、25 mL 分液漏斗、温度计、铁架台。

2. 试 剂

浓硫酸、1.48 g（1.84 mL，0.02 mol）正丁醇、2.6 g（0.026 mol）无水溴化钠、蒸馏水、5%氢氧化钠、饱和碳酸氢钠溶液、无水氯化钙。

四、实验步骤

按照图 4-12-1 安装仪器装置。

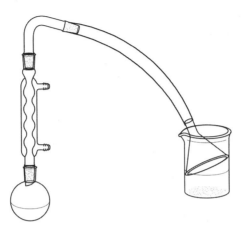

图 4-12-1 带尾气吸收装置的回流装置图

在 10 mL 圆底烧瓶中加入 2 mL 水，并小心分批加入 2.8 mL 浓硫酸，混合均匀后，冷却至室温[1]。再依次加入 1.84 mL 正丁醇和 2.6 g 溴化钠，充分搅拌，混合均匀。安装回流冷凝管，冷凝管上口接气体吸收装置，用 5%的氢氧化钠做吸收剂，加热回流。由于无机盐水溶液有较大的相对密度，不久会分出上层溶液，即正溴丁烷（*n*-butyl bromide）。回流 20 min 后，停止加热，待反应液冷却后，移去冷凝管，加上蒸馏头改为蒸馏装置，蒸出粗产物正溴丁烷约 1.9 mL[2]。

将馏出液移至 25 mL 分液漏斗中，加入等体积的水洗涤[3]。产物转入另一干燥的分液漏斗中，用等体积的浓硫酸洗涤[4]。尽量分去硫酸层，有机相依次用等体积的水、饱和碳酸氢钠溶液和水洗涤后转入干燥的锥形瓶中。用 0.5 g 无水氯化钙干燥，间歇摇动锥形瓶，直到液体清亮为止。将干燥好的产物蒸馏，收集 99～103 ℃的馏分，产量约 1.1 mL。

纯正溴丁烷的沸点为 101.6 ℃，折光率 $n_D^{20} = 1.4399$。

本实验约需 3.5 h。

五、注 释

① 如不充分摇动并冷却至室温，加入溴化钠后，溶液往往变成红色，即有溴游离出来。

② 正溴丁烷是否蒸完，可以从下列几方面判断：蒸出液是否由浑浊变得澄清；蒸馏瓶中的上层油状物是否消失；取一支试管，收集几滴馏出液，加水摇动观察有无油珠出现，如无，表示馏出液中已无有机物，蒸馏完成。

③ 如水洗后产物呈红色，可用少量饱和亚硫酸氢钠水溶液洗涤，以除去由于浓硫酸的氧化作用生成的游离溴。

④ 浓硫酸可以洗去粗产品中少量未反应的正丁醇和副产物丁醚等杂质。否则正丁醇和正溴丁烷可形成共沸物（沸点 98.6 ℃，含正丁醇 13%）而难以除去。

六、注意事项

（1）实验过程中仔细观察产品在上层还是在下层。

（2）注意有害尾气的吸收，使其不要污染环境。

（3）尾气吸收装置的漏斗边缘不能完全浸入液面以下。

七、思考题

（1）反应后的粗产物中含有哪些杂质？各步洗涤的目的是什么？

（2）用分液漏斗时，正溴丁烷时而在上层时而在下层，如不知道产物的密度，可用什么简便的方法加以判别？

（3）为什么用饱和碳酸氢钠溶液洗涤前要先用水洗涤？

附：主要试剂的物理常数

表 4-12-1   本实验主要试剂的物理常数

名 称	分子量	密度 /g·mL⁻¹	熔点/ ℃	沸点/ ℃	折光率	溶解度
正丁醇	74.12	0.8098	−89.53	117.25	1.3993	微溶于水，溶于乙醇、醚等多数有机溶剂
正溴丁烷	137.012	1.2764	−112.4	101.6	1.4401	不能溶于水，易溶于醇、醚等有机溶剂
浓硫酸	98.04	1.8305	10.37	338	1.4183	与水以任意比例互溶

产物谱图

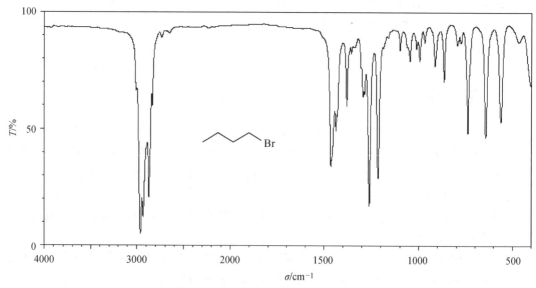

图 4-12-2   正溴丁烷的红外光谱图

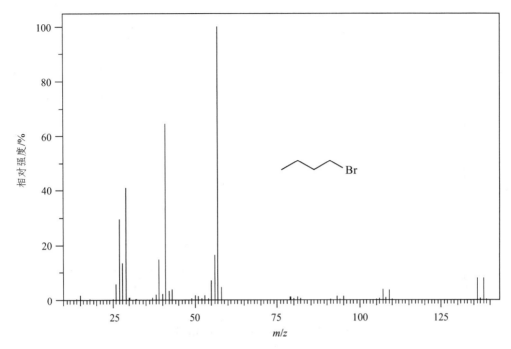

图 4-12-3　正溴丁烷的质谱图

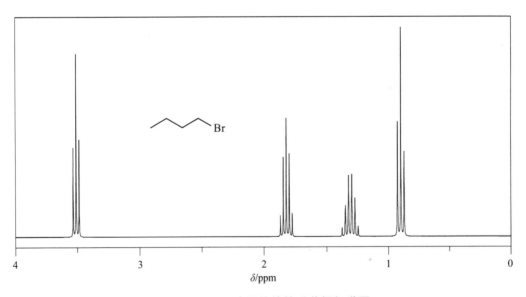

图 4-12-4　正溴丁烷的核磁共振氢谱图

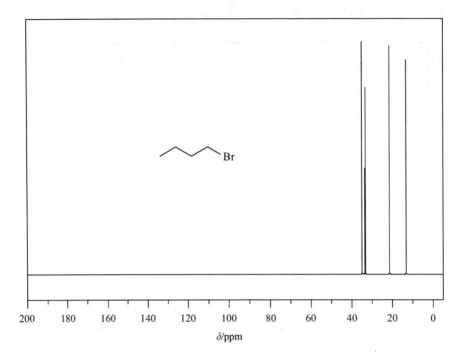

图 4-12-5　正溴丁烷的核磁共振碳谱图

实验十三　乙酰苯胺的制备

一、实验目的

（1）掌握苯胺乙酰化反应的原理和实验操作。
（2）学习、掌握分馏和重结晶的操作技术。
（3）掌握易氧化基团的保护方法。

二、实验原理

芳胺的酰化在有机合成中有着重要的作用。作为一种保护措施，一级和二级芳胺在合成中通常被转化为它们的乙酰基衍生物，以降低芳胺对氧化剂的敏感性，使其不被反应试剂破坏。同时，氨基经酰化后，降低了其在亲电取代反应（特别是卤化）中的活化能力，使其由很强的第Ⅰ类定位基变为中等强度的第Ⅰ类定位基,使反应由多元取代变为有用的一元取代；由于乙酰基的空间效应，往往选择性地生成对位取代产物。在某些情况下，酰化可以避免氨基与其他官能团或试剂（如 $RCOCl$、SO_2Cl、HNO_2 等）发生不必要的反应。在合成的最后步骤，氨基很容易通过酰胺在酸碱催化下水解重新产生。

芳胺可用酰氯、酸酐或与冰醋酸加热来进行酰化，使用冰醋酸试剂易得，价格便宜，但需要较长的反应时间，适合于规模较大的制备。酸酐一般来说是比酰氯更好的酰化试剂。用游离胺与纯乙酸酐进行酰化，常伴有二乙酰胺[$ArN(COCH_3)_2$]副产物的生成。但如果在醋酸-醋酸钠的缓冲溶液中进行酰化，由于酸酐的水解速率比酰化速率慢得多，可以得到高纯度的产物。但这一方法不适合于硝基苯胺和其他碱性很弱的芳胺的酰化。

乙酰苯胺可以通过苯胺与冰醋酸、醋酸酐或乙酰氯等试剂作用制得。乙酰氯性质较活泼，难以保存，且危险性较高。因此，本实验采用冰醋酸作为酰化试剂。

反应方程式如下：

$$\underset{}{\text{（NH}_2\text{苯环）}} + CH_3COOH \overset{\triangle}{\rightleftharpoons} \underset{}{\text{（NHCOCH}_3\text{苯环）}} + H_2O$$

实验流程如图 4-13-1 所示：

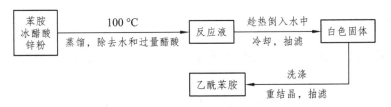

图 4-13-1　乙酰苯胺的制备流程

三、主要仪器与试剂

1. 仪 器

10 mL 圆底烧瓶、分馏柱、温度计、直形冷凝管、接液管、三角烧瓶、抽滤瓶、布什漏斗、铁圈、小烧杯、加热套、铁架台、磁力搅拌子。

2. 试 剂

新蒸苯胺、冰醋酸（或乙酸酐）、锌粉。

四、实验步骤

在 10 mL 圆底烧瓶中加入 2.0 mL 新蒸馏过的苯胺（2.04 g，0.022 mol）、3.0 mL 冰醋酸（3.14 g，0.052 mol）及少许锌粉（约 0.02 g）。装上一短的刺形分馏柱，其上端装一温度计，支管通过支管接引管与接收瓶相连，接收瓶外部用冷水冷却。

将圆底烧瓶置于加热套上加热搅拌，用小火加热，使反应物保持微沸约 15 min。然后逐渐升高温度，当温度计读数达到 100 °C 左右时，支管即有液体流出。小火加热，保持温度计读数在 100~105 °C，约 1 h，生成的水及大部分醋酸被蒸出，当温度下降表明反应已经完成。在搅拌下趁热将反应物倒入盛有 20 mL 冷水的烧杯中（最好用冰水冷却），冷却后抽滤析出的固体，并压碎晶体，用少量冷水洗涤晶体，以除去残留的酸液，抽干。粗产品可用水重结晶，得到白色片状晶体，抽滤，烘干后称重，计算产率。乙酰苯胺的熔点为 113~114 °C（文献值 114.3 °C）。

五、注意事项

（1）久置的苯胺易被氧化，故最好用新蒸的苯胺。

（2）加入锌粉的目的是防止苯胺在反应过程中被氧化，生成有色杂质。

（3）反应液冷却后，立即析出固体产物，粘在瓶壁上，不易处理。故应趁热在搅动下倒入冷水中，以除去过量的醋酸及未反应的苯胺。

六、思考题

（1）假设用 8 mL 苯胺和 9 mL 乙酸酐制备乙酰苯胺，哪种试剂是过量的？乙酰苯胺的产率是多少？

（2）反应时为什么要控制冷凝管上端的温度在 105 °C 左右，温度过高有什么不好？

（3）用苯胺做原料进行苯环上的一些取代反应时，为什么常常需要进行酰化？

附：主要试剂的物理常数

表 4-13-1　本实验中主要试剂的物理常数

名　称	M_r	性　状	$\rho/\mathrm{g\cdot cm^{-3}}$	m.p./ °C	b.p./ °C	n_D^{20}	溶解度
乙酰苯胺	135.16	白色片状晶体	1.219	113～115	304～305	1.219	微溶于冷水，易溶于乙醇、乙醚及热水
苯胺	93.12	具有特殊气味的无色油状液体	1.022	62	184.13	1.5863	微溶于水，易溶于乙醇、乙醚和苯，易燃，有毒

产物谱图

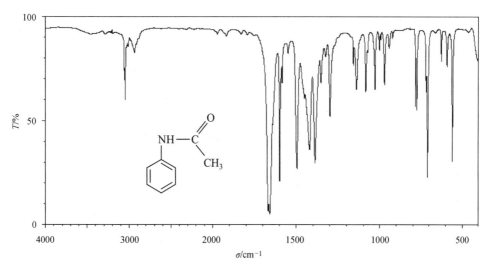

图 4-13-2　乙酰苯胺的红外光谱图

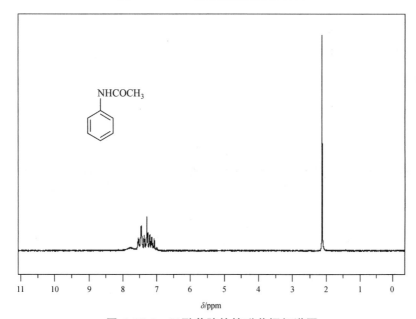

图 4-13-3　乙酰苯胺的核磁共振氢谱图

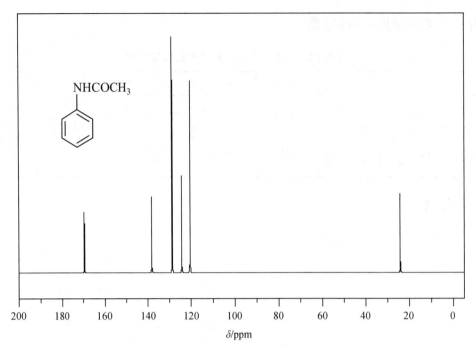

图 4-13-4　乙酰苯胺的核磁共振碳谱图

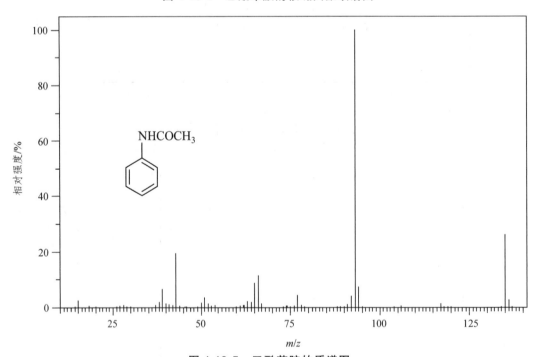

图 4-13-5　乙酰苯胺的质谱图

实验十四　呋喃甲醇和呋喃甲酸的制备

一、实验目的

（1）学习呋喃甲醛在浓碱条件下进行 Cannizzaro 歧化反应制备呋喃甲醇和呋喃甲酸的原理和方法。

（2）进一步熟悉低沸点物质的蒸馏和粗产品的纯化操作。

二、实验原理

在浓的强碱作用下，不含 α-H 的醛类可以发生分子间自身氧化还原反应，一分子醛被氧化成酸，而另一分子醛被还原为醇，此反应称为 Cannizzaro 反应。

反应实质是羰基的亲核加成，反应涉及羟基负离子对一分子不含 α-H 的醛的亲核加成，加成物的负氢向另一分子醛的转移和酸碱交换反应。在 Cannizzaro 反应中，通常使用 50% 的浓碱，其中碱的物质的量比醛的物质的量多一倍以上，否则反应不完全，未反应的醛与生成的醇混在一起，通过一般蒸馏很难分离。本实验通过呋喃甲醛和氢氧化钠作用，从而制备呋喃甲醇和呋喃甲酸。反应式如下：

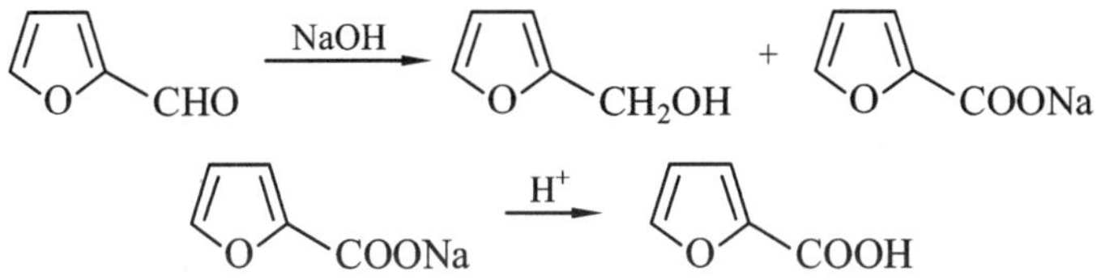

三、主要仪器与试剂

1. 仪　器

50 mL 烧杯、滴管、温度计、玻璃棒、分液漏斗、圆底烧瓶、蒸馏头、冷凝管、接液管、抽滤瓶、布氏漏斗、三角烧瓶、铁圈、磁力加热套。

2. 试　剂

3.28 mL（3.8 g，0.04 mol）呋喃甲醛、1.6 g（0.04 mol）氢氧化钠、乙醚、冰、浓盐酸、无水硫酸镁、刚果红试纸。

四、实验步骤

在 50 mL 烧杯中加入 3.28 mL（3.8 g，0.04 mol）呋喃甲醛，并用冰水冷却；另取 1.6 g

氢氧化钠溶于 2.4 mL 水中，冷却。在搅拌下将氢氧化钠水溶液滴入呋喃甲醛中，滴加过程必须保持反应混合物温度在 8 ~ 12 ℃。加完后，保持此温度继续搅拌 40 min，得一黄色浆状物。

在搅拌下向反应混合物中加入适量水（约 5 mL），使其恰好完全溶解，得暗红色溶液，将溶液转入分液漏斗中，用乙醚萃取（3 mL × 4），合并乙醚萃取液，用无水硫酸镁干燥后，先在水浴中蒸去乙醚，然后在石棉网上加热蒸馏，收集 169 ~ 172 ℃ 馏分，产量 1.2 ~ 1.4 g。纯呋喃甲醇为无色透明液体，沸点 171 ℃，折光率 n_D^{20} = 1.4868。

在乙醚提取后的水溶液中慢慢加入浓盐酸，搅拌，滴至刚果红试纸变蓝（约 1 mL），冷却，结晶，抽滤，产物用少量冷水洗涤，抽干后，收集粗产物，然后用水重结晶，得白色针状呋喃甲酸，产量约 1.5 g，熔点 130 ~ 132 ℃。纯呋喃甲酸熔点为 133 ~ 134 ℃。

本实验约需 6 h。

五、注意事项

（1）实验前应将呋喃甲醛蒸馏提纯。

（2）实验过程中应充分搅拌。

（3）在反应混合物中加水时不可过量，过多的水会造成呋喃甲酸的损失。

（4）加浓盐酸时要足量，以保证 pH = 3 左右，使呋喃甲酸充分游离出来。

（5）呋喃甲酸重结晶时，不要长时间加热回流，否则部分呋喃甲酸会被分解，出现焦油状物。

六、思考题

（1）试比较 Cannizzaro 反应与羟醛缩合反应在醛的结构上有何不同？

（2）本实验根据什么原理来分离呋喃甲醇和呋喃甲酸？

（3）乙醚萃取后的水溶液，用浓盐酸酸化到中性是否最适当？为什么？不用试纸或试剂检验，怎样知道酸化已经恰当？

附：主要试剂的物理常数

表 4-14-1　本实验主要试剂的物理常数

名　称	分子量	密度 /g·mL^{-1}	熔点/℃	沸点/℃	折光率	溶解度
呋喃甲醛	96.06	1.16	−36.5	161.7	1.5261	稍溶于水，溶于乙醇、乙醚、苯

产物谱图

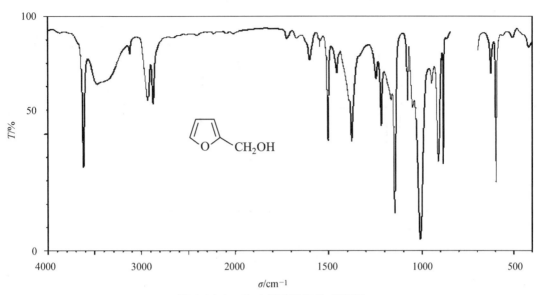

图 4-14-1 呋喃甲醇的红外光谱图

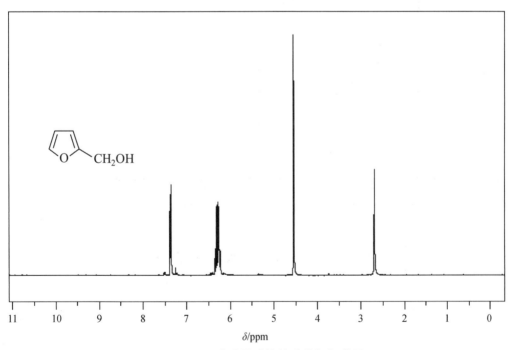

图 4-14-2 呋喃甲醇的核磁共振氢谱图

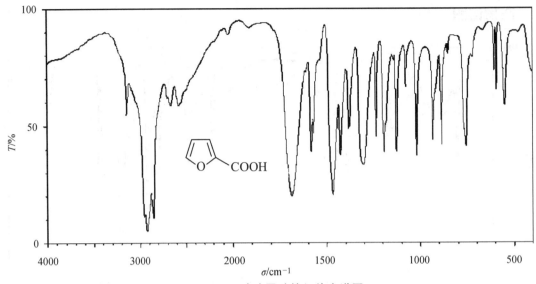

图 4-14-3　呋喃甲酸的红外光谱图

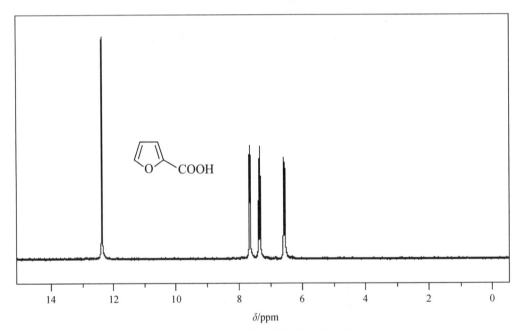

图 4-14-4　呋喃甲酸的核磁共振氢谱图

实验十五　苯胺的制备

一、实验目的

（1）学习金属还原法制备苯胺的（aniline）的实验原理和方法。

（2）掌握水蒸气蒸馏的基本原理和操作技术。

二、实验原理

苯胺最早由干馏靛青和提炼煤焦油得到，1841 年俄国基宁将硝基苯还原制成苯胺，1857 年开发出硝基苯铁粉还原法的工业生产。苯胺的另一大规模化生产方法是硝基苯的催化氢化。

实验室制备苯胺常用的方法是在酸性溶液中用金属还原硝基苯。常用还原剂有：锡-盐酸、二氯化锡-盐酸、铁-盐酸、铁-乙酸和锌-乙酸等，其中锡-盐酸和铁、盐酸用得最多。锡反应速度快，铁反应时间较长，但成本低廉。两者的反应分别为

锡-盐酸法：

$$2C_6H_5NO_2 + 3Sn + 14HCl \longrightarrow (C_6H_5NH_3)_2SnCl_6^{2-}$$

$$(C_6H_5NH_3)_2SnCl_6^{2-} + 8NaOH \longrightarrow 2C_6H_5NH_2 + Na_2SnO_3 + 5H_2O + 6NaCl$$

铁-盐酸法：

$$4C_6H_5NO_2 + 9Fe + 4H_2O \longrightarrow 4C_6H_5NH_2 + Fe_3O_4$$

如用乙酸代替盐酸，反应时间显著缩短。

电化学还原研究表明，硝基化合物的还原是分步进行的。金属的作用是提供电子，酸或水作为供质子剂提供反应所需质子。在温和条件下（锌 + 氯化铵），反应可停留在 N-羟基苯胺的阶段，在强酸性介质中，还原的最终产物是芳香伯胺。

三、主要仪器与试剂

1. 仪　器

回流冷凝管、圆底烧瓶。

2. 试　剂

4 mL 硝基苯、9 g 锡粒、浓盐酸、乙醚、精盐、氢氧化钠颗粒、50%氢氧化钠溶液、pH 试纸。

四、实验步骤

在 50 mL 圆底烧瓶中加入 4.5 g 锡粒、2 mL 硝基苯。装上回流冷凝管，量取 10 mL 浓盐酸，分批从冷凝管上端加入。若反应太激烈，可置于冷水中片刻，摇振，加完后，将反应物水浴加热回流 0.5 h，并时常摇动，使还原反应完全，此时，冷凝管回流液应不再呈现硝基苯的黄色。

将反应瓶改为水蒸气蒸馏装置，进行水蒸气蒸馏，至馏出液变清。将馏出液转入分液漏斗，分出有机层，水层用食盐饱和（需 1.5 ~ 2.5 g 食盐）后，每次用 10 mL 乙醚萃取 2 次。合并苯胺层和醚萃取液，用粒状氢氧化钠干燥。

将干燥后的苯胺醚溶液加入 25 mL 干燥的蒸馏瓶中，先在水浴上蒸去乙醚，残留物改用空气冷凝管冷凝，收集 180 ~ 185 ℃ 馏分，产量 1.15 ~ 1.25 g。纯苯胺的沸点为 184.4 ℃，折光率 $n_D^{20} = 1.5863$。

五、注意事项

（1）苯胺有毒，实验时应尽量避免与皮肤接触或吸入其蒸气。

（2）还原反应必须完全，否则残留的硝基苯在提纯中很难分离，从而影响产品纯度。回流中黄色油状物消失，变为乳白色油滴，表示反应已经完全。

（3）萃取中加入氯化钠的目的是使馏出液饱和，溶于水中的苯胺盐析出来（苯胺在水中的溶解度为 20 ℃ 时 3.4 g/100 mL）。

（4）苯胺为无色液体，在空气中易被氧化而呈黄色，时间越长，颜色越深，加锌粒重新蒸馏可去掉颜色。

六、思考题

（1）有机物应具备什么性质才能采用水蒸气蒸馏法提纯？

（2）在水蒸气蒸馏完毕时，先熄灭火焰，再打开 T 形管下端弹簧夹，行吗？为什么？

（3）如果最后制得的苯胺中含有硝基苯，应如何分离提纯？

附：主要试剂的物理常数

表 4-15-1　本实验主要试剂的物理常数

名　称	分子量	密度 /g·mL⁻¹	熔点/℃	沸点/℃	折光率	溶解度
硝基苯	123.11	1.205（15/4）	5.7	210.9	—	难溶于水，密度比水大；易溶于乙醇、乙醚、苯和油

产物谱图

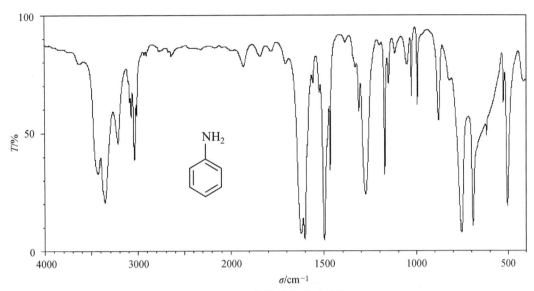

图 4-15-1 苯胺的红外光谱图

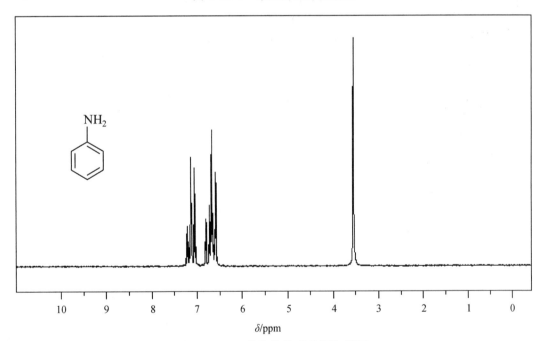

图 4-15-2 苯胺的核磁共振氢谱图

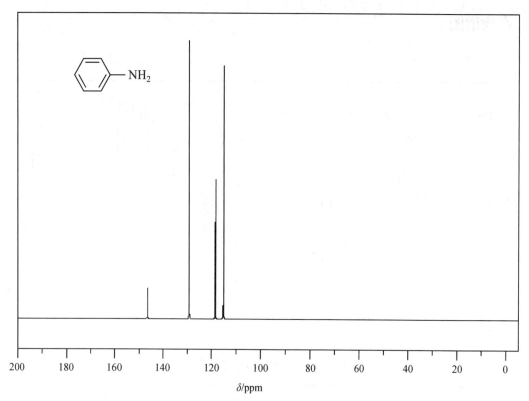

图 4-15-3　苯胺的核磁共振碳谱图

实验十六 对甲苯乙酮的制备

一、实验目的

（1）学习 Friedel-Crafts 酰基化法制备芳香酮的原理和方法。
（2）巩固带尾气吸收装置的回流装置的安装和使用。
（3）掌握无水操作。

二、实验原理

Friedel-Crafts 酰基化反应是制备芳香酮最重要、最常用的方法之一。常用的酰基化试剂有羧酸、酰氯和酸酐，其活性强弱顺序为酰氯>酸酐>羧酸。本实验使用乙酸酐作为酰化剂，虽酰化能力较弱，但较便宜。

制备的反应如下：

甲苯是反应物，同时又是溶剂，所以是过量的。三氯化铝是催化剂，能和产物生成稳定的络合物，也是过量的。除此之外，常用的催化剂还有 $FeCl_3$、$SnCl_4$、BF_3、$ZnCl_2$ 等路易斯酸。

三、主要仪器与试剂

1. 仪 器

三颈圆底烧瓶、滴液漏斗、电磁搅拌器、回流冷凝管、蒸馏装置、分液漏斗。

2. 试 剂

10 mL 无水无噻吩甲苯、6.5 g 无水三氯化铝、2 mL 乙酸酐、浓盐酸、乙醚、氢氧化钠水溶液、无水硫酸钠。

四、实验步骤

按照图 4-16-1 所示安装反应装置。在 25 mL 三颈圆底烧瓶上，分别装上 10 mL 恒压滴液漏斗和回流冷凝管及温度计，冷凝管上端安装氯化钙干燥管，并用橡皮管将其与气体吸收装置相连，使反应中逸出的氯化氢被氢氧化钠水溶液吸收。检查装置不漏气后，取下滴液漏斗，迅速在三颈烧瓶中加入 6.5 g 无水三氯化铝和 8 mL 无水无噻吩甲苯，尽快塞好滴液漏斗。将 2 mL 乙酸酐和 2 mL 甲苯混合均匀，加入滴液漏斗中，在搅拌条件下，缓慢逐滴加入烧瓶中，约 10 min 滴加完毕。加料完毕后，待反应缓和，加热回流，使反应完全，至不再有氯化氢气体逸出为止，约 50 min。

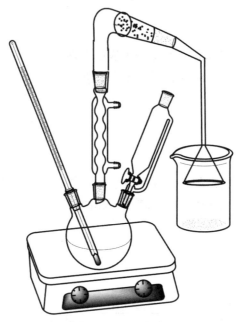

图 4-16-1　反应装置

将反应液冷却至室温，在搅拌条件下滴入盛有 9 mL 浓盐酸和 10 g 碎冰的烧杯中进行冰解。若冰解后有固体不溶物（三氯化铝），可加少量盐酸使之溶解。

把混合液转入分液漏斗中，分出有机相，水相用乙醚萃取 2 次，每次用量 9 mL。萃取液与有机相合并，依次用 8 mL 3 mol/L NaOH、8 mL 水洗涤，再用无水硫酸钠干燥，过滤，滤液加热蒸馏出乙醚和大量的甲苯后，升高温度继续蒸馏，收集 220～230 ℃ 的馏分，称重，计算产率（产量约为 2.2 g，产率 82%）。对甲苯乙酮为无色油状液体，沸点为 225 ℃，折光率 $n_D^{20} = 1.5372$。

五、注意事项

（1）三颈圆底烧瓶、滴液漏斗均需无水。

（2）气体吸收装置的气体出口不能没入液面下，以防反吸。

（3）乙酐滴加过程中搅拌的目的是防止滴入的乙酐没有及时反应，累积过多，一旦反应，难以控制。此反应为放热反应，要控制乙酐的滴加速度，以三颈圆底烧瓶稍热为宜。

（4）进行冰解时应在通风橱或室外进行。

六、思考题

（1）在气体吸收装置中，氯化氢的出口应远离液面还是深入液面？为什么？

（2）在 Friedel-Crafts 酰基化反应中，三氯化铝的用量对所得产品纯度有无影响？为什么？

附：主要试剂的物理常数

表 4-16-1　本实验主要试剂的物理常数

名　　称	性状	分子量	密度 /g·mL^{-1}	熔点/℃	沸点/℃	折光率	溶解度
甲苯	—	92.14	0.866	−94.9	110.6	1.496 7	能与乙醇、乙醚、丙酮、氯仿、二硫化碳和冰乙酸混溶，极微溶于水
乙酸酐	无色透明液体，有强烈的乙酸气味，有吸湿性	102.09	1.080	−73.0	139.0	1.390 4	溶于氯仿和乙醚，缓慢地溶于水，形成乙酸

产物谱图

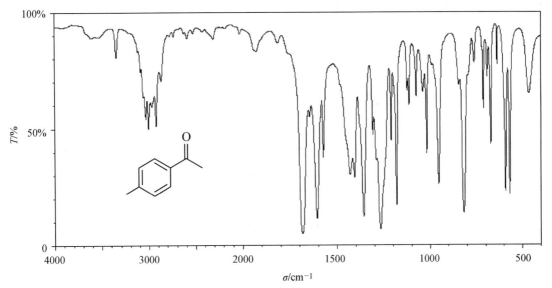

σ/cm^{-1}

图 4-16-2　对甲苯乙酮的红外光谱图

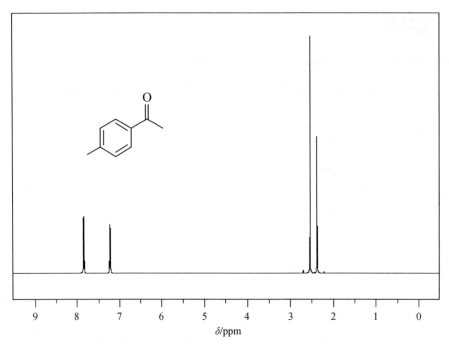

图 4-16-3　对甲苯乙酮的核磁共振氢谱图

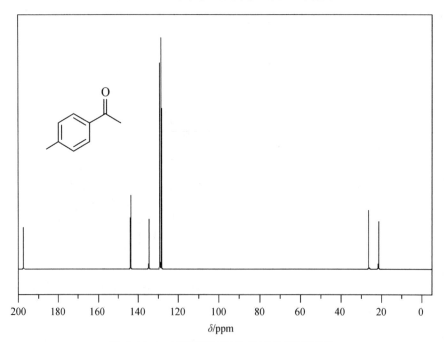

图 4-16-4　对甲苯乙酮的核磁共振碳谱图

实验十七　己二酸的制备

一、实验目的

（1）学习利用环己醇制备己二酸的实验原理和方法。
（2）掌握过滤、重结晶等操作技巧和有毒气体的处理方法。

二、实验原理

羧酸是一种重要的有机化工产品，一般通过氧化方法制备。常用氧化剂有：重铬酸钾-硫酸、高锰酸钾、硝酸、过氧化氢及过氧酸等。

伯醇氧化得醛，进一步氧化得酸。但因中间产物醛易与原料中的醇生成半缩醛，所以得到的产物中有较多的酯。

叔醇一般不易氧化。仲醇氧化得酮，酮不易被弱氧化剂氧化，但遇到强氧化剂时，可被氧化，此时碳链断裂，生成多种碳原子数较少的羧酸混合物。环己酮是环状结构，断裂后得单一产物：己二酸。它是合成尼龙 66 的原料，也可用于制造增塑剂、合成润滑剂及食品添加剂等。反应式为

三、主要仪器与试剂

1. 仪　器

三颈烧瓶、温度计、回流冷凝管、滴液漏斗、烧杯。

2. 试　剂

环己醇、硝酸、钒酸铵、高锰酸钾、浓硫酸、10%碳酸钠水溶液。

四、实验步骤

1. 方法一——硝酸氧化制备己二酸

按照图 4-17-1 安装反应装置。在 50 mL 三颈烧瓶中，加入 6 mL 50%硝酸和 1 粒钒酸铵。瓶口分别装上温度计、回流冷凝管和分液漏斗。冷凝管上口安装一个气体吸收装置，烧杯中盛碱液，用以吸收反应中产生的氧化氮气体。往滴液漏斗中加入 2 g 环己醇，将三颈烧瓶在水浴中加热到 50 °C 左右，移去水浴，先滴加 3~4 滴环己醇并振荡，瓶中反应物温度开始上

升并有红棕色气体放出。缓慢滴入其余的环己醇，维持瓶中温度在 50 ~ 60 ℃，可用水浴调节，并不时振荡。环己醇加完后，用沸水浴再加热 10 min 左右，直至无红棕色气体放出为止。

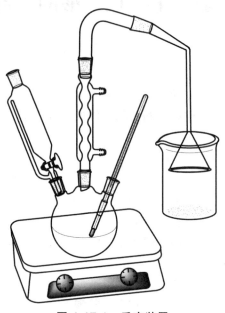

图 4-17-1　反应装置

稍冷后，边搅拌边将反应物慢慢倒入一个外部用冷水浴冷却的烧杯中，有晶体析出，用布氏漏斗抽滤，少量冰水洗涤，抽干并压干，红外灯干燥。称重，计算产率。

2. 方法二——高锰酸钾氧化制备己二酸

按照图 4-17-2 所示安装反应装置。在 50 mL 的三颈烧瓶中，加入 1.3 mL（0.0135 mol）环己醇和已配制好的碳酸钠水溶液（约 20 mL），在磁力搅拌下分 8 批加入研细的 6 g（0.0255 mol）高锰酸钾，约 2 h 加完。加入时控制反应温度始终低于 30 ℃，加完后继续搅拌，直至反应温度不再上升为止，然后在 50 ℃ 水浴中加热并不断搅拌（约 30 min）。

图 4-17-2　改进的简易反应装置

将反应混合物抽滤，用 5 mL 10%的碳酸钠溶液洗涤滤渣，抽滤，合并滤液，在搅拌下慢慢滴加浓硫酸，直到滤液呈强酸性，己二酸沉淀析出，冷却，抽滤，晾干，称重，计算产率。纯己二酸为白色棱状晶体，熔点为 152 ~ 154 ℃。

五、注意事项

（1）本实验最好在通风橱中进行。

（2）此反应为强烈放热反应，环己醇滴加速度不宜过快，以免反应过于剧烈，引起爆炸。

（3）环己醇与浓硝酸不可用同一量筒量取，两者相遇会发生剧烈反应，甚至发生意外。

（4）环己醇熔点为 24 ℃，熔融时为黏稠液体，为减少损失，可用少量水冲洗量筒，并入滴液漏斗中。

（5）己二酸在水中的溶解度随温度的升高而上升，故粗产物用冰水洗涤，以减少损失。

（6）高锰酸钾要研细，以利于充分反应。

（7）反应需严格控制温度。

六、思考题

（1）为什么必须严格控制反应的温度和环己醇的滴加速度？

（2）为防止氧化氮有毒气体的逸散，实验中采取了哪些措施？

（3）能否用同一量筒量取硝酸和环己醇？为什么？

（4）高锰酸钾为什么要研细并分批加入？

附：主要试剂的物理常数

表 4-17-1　本实验主要试剂的物理常数

名　称	分子量	密度 /g·mL⁻¹	熔点/ ℃	沸点/ ℃	折光率	溶解度
环己醇	100.16	0.962 4	25.93	160.84	1.4641	微溶于水，可混溶于乙醇、乙醚、苯、乙酸乙酯、二硫化碳、油类等
（偏）钒酸铵	116.98	—	—	—	—	白色的粉末，微溶于冷水，可溶于热水或氨水，不溶于乙醇、醇、醚、氯化铵

产物谱图

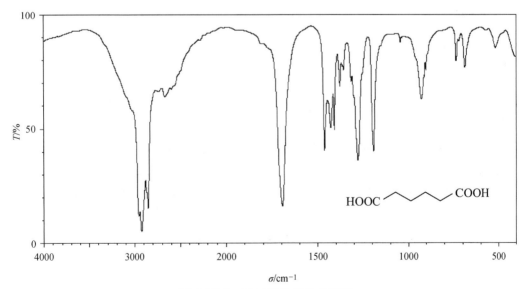

图 4-17-3　己二酸的红外光谱图

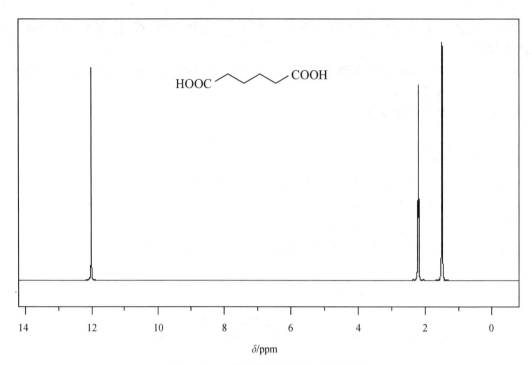

图 4-17-4　己二酸的核磁共振氢谱图

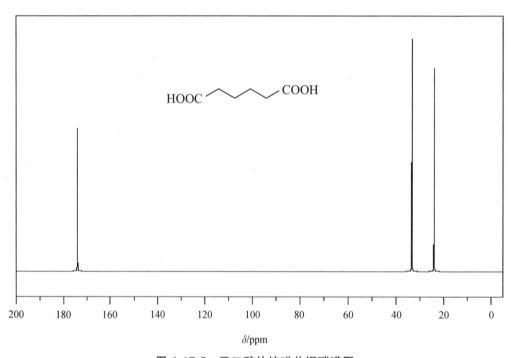

图 4-17-5　己二酸的核磁共振碳谱图

实验十八　肉桂酸的制备

一、实验目的

（1）掌握 Perkin 反应制备肉桂酸的原理和方法。
（2）掌握回流、简易水蒸气蒸馏等操作。
（3）掌握重结晶等固体有机化合物的提纯方法。

二、实验原理

肉桂酸，又名 β-苯丙烯酸，是合成冠心病药物乳酸可心定和心痛平的重要中间体。肉桂酸本身是一种香料，具有很好的保香作用，其酯类衍生物更是配制香精和食品香料的重要原料。目前，肉桂酸还被广泛用于食品添加剂、医药工业、美容、农药、有机合成等方面。

Perkin 反应是芳香醛和酸酐在碱性催化剂作用下，发生羟醛缩合反应，再脱水生成 α,β-不饱和酸。其催化剂通常是相应酸酐的羧酸盐。本实验利用碳酸钾代替羧酸盐催化苯甲醛与乙酸酐发生 Perkin 反应制备肉桂酸，可以缩短反应时间。

碱的作用是促使酸酐烯醇化，生成酸酐碳负离子，从而与芳醛发生亲核加成，再经氧酰基交换产生更稳定的 β-酰氧基丙酸负离子，最后经 β-消除生成肉桂酸盐。实验用碳酸钾代替醋酸盐，反应周期可明显缩短。

虽然理论上肉桂酸存在顺反异构体，但 Perkin 反应只能得到反式肉桂酸（熔点 133 ℃），顺式异构体（熔点 68 ℃）不稳定，在较高的反应温度下很容易转变为热力学更稳定的反式异构体。

三、主要仪器与试剂

1. 仪　器

移液管（1 mL、2 mL 各一只）、10 mL 圆底烧瓶、空气冷凝管、50 mL 烧杯、布氏漏斗、抽滤瓶、加热套等。

2. 试　剂

0.63 g（0.6 mL，0.006 mol）苯甲醛、1.93 g（1.8 mL，0.019 mol）乙酸酐、0.82 g 无水碳酸钾、10%的氢氧化钠溶液、浓盐酸、活性炭、刚果红试纸。

四、实验步骤

用移液管分别量取 0.6 mL 新蒸馏的苯甲醛[①]和 1.8 mL 新蒸馏过的乙酸酐[②]至 10 mL 圆底烧瓶中，加入研细的无水碳酸钾 0.82 g，装上回流冷凝管。在搅拌条件下用加热套低电压加热使其回流，反应液始终保持在 140~180 ℃，回流 1 h。由于有二氧化碳逸出，反应最初会出现大量泡沫。

回流结束，冷却反应物，向其中加入 10 mL 水，并搅拌使固体溶解。然后进行水蒸气蒸馏，直至无油状物蒸出为止。将烧瓶冷却，加入 5 mL 10%的氢氧化钠溶液，以保证所有的肉桂酸生成钠盐而溶解。再加入 5 mL 水、少量活性炭，加热煮沸 2~3 min，使其脱色，然后趁热过滤。待滤液冷却至室温后，将滤液转移至干净的 50 mL 烧杯中，缓慢地用浓盐酸酸化至刚果红试纸变蓝。然后冷却至肉桂酸充分结晶后，进行抽滤，晶体用少量冷水洗涤，减压抽干，粗产品在 80 ℃ 烘箱中烘干，产量约 0.36 g。粗产品可用体积比为 3∶1 的水-乙醇重结晶。产品熔点文献值为 135~136 ℃。

本实验约需 4 小时。

五、注　释

① 久置的苯甲醛，由于自动氧化而生成苯甲酸，不但影响反应的进行，而且苯甲酸混在产品中不易除净，影响产品的纯度。故本反应需对苯甲醛进行蒸馏。

② 乙酸酐放久了因吸潮和水解转变为乙酸，故本实验需对乙酸酐进行重新蒸馏。

六、注意事项

（1）Perkin 反应所用仪器必须彻底干燥（包括量取苯甲醛和乙酸酐的量筒）。可以用无水碳酸钾和无水醋酸钾作为缩合剂，但是不能用无水碳酸钠。

（2）回流时加热强度不能太大，否则会把乙酸酐蒸出。

（3）进行脱色操作时一定取下烧瓶，稍冷之后再加热活性炭。

（4）热过滤时必须是真正热过滤，布氏漏斗要事先在沸水中预热，取出时动作要快。

（5）进行酸化时要慢慢加入浓盐酸，一定不要加入太快，以免产品冲出烧杯，造成产品损失。

（6）要使肉桂酸结晶彻底，进行冷过滤；且不能用太多水洗涤产品。

七、思考题

（1）若用苯甲醛与丙酸酐发生 Perkin 反应，其产物是什么？

（2）在 Perkin 反应中，如使用与酸酐不同的羧酸盐，会得到两种不同的芳基丙烯酸，为什么？

（3）具有何种结构的醛能进行 Perkin 反应？

（4）用水蒸气蒸馏除去什么？

附：主要试剂的物理常数

表 4-18-1　本实验主要试剂的物理常数

名　称	分子量	密度 /g·mL⁻¹	熔点/℃	沸点/℃	折光率	溶解度
乙酸酐	102.09	1.080	−73	139	1.390 9	略溶于水，能与氯仿、苯、乙酸乙酯等混溶
苯甲醛	106.12	1.046	−26	179 ℃	1.545 5	微溶于水，溶于乙醇、乙醚、氯仿和苯等
肉桂酸	148.15	—	133	300	—	微溶于冷水，易溶于热水、苯、乙醚、丙酮、醋酸和二硫化碳等

产物谱图

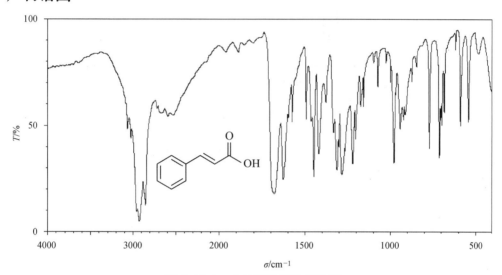

图 4-18-1　肉桂酸的红外光谱图

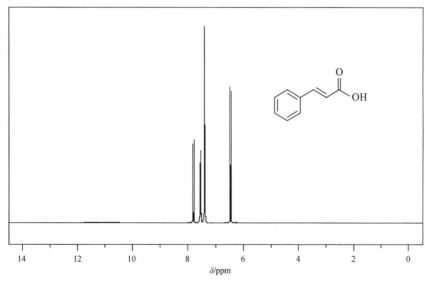

图 4-18-2　肉桂酸的核磁共振氢谱图

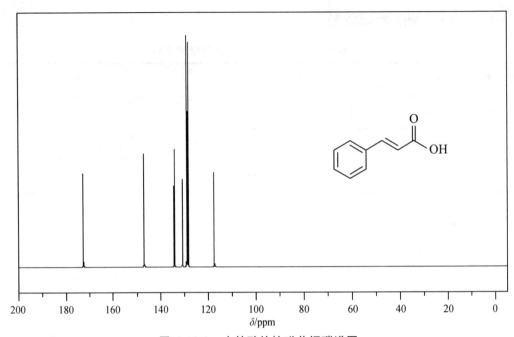

图 4-18-3　肉桂酸的核磁共振碳谱图

实验十九　邻苯二甲酸二丁酯的制备

一、实验目的

（1）了解邻苯二甲酸二丁酯的制备原理和方法。
（2）训练减压蒸馏操作及分水装置的操作和应用。

二、实验原理

邻苯二甲酸二丁酯大量作为增塑剂使用，称为增塑剂 DBP，还可用作油漆、黏结剂、染料、印刷油墨、织物润滑剂的助剂。它是无色透明液体，具有芳香气味，不挥发，在水中的溶解度为 0.03%（25 ℃），对多种树脂都具有很强的溶解能力。

制备邻苯二甲酸二丁酯一般用邻苯二甲酸与丁醇在硫酸催化下反应。反应方程式如下：

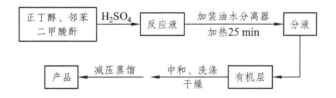

制备实验的操作流程如图 4-19-1 所示：

正丁醇、邻苯二甲酸酐 —H_2SO_4→ 反应液 —加装油水分离器 加热25 min→ 分液

产品 ←减压蒸馏— 中和、洗涤 干燥 ← 有机层 ← 有机层

图 4-19-1　邻苯二甲酸二丁酯的制备流程

三、主要仪器与试剂

1. 仪　器

25 mL 两口烧瓶、温度计、油水分离器、球形冷凝管。

2. 试　剂

正丁醇、浓硫酸、邻苯二甲酸酐。

四、实验步骤

（1）如图 4-19-2 安装反应装置。将 7.5 mL 正丁醇、3 g 邻苯二甲酸酐和 4 滴浓硫酸加入 25 mL 两口烧瓶，摇匀后固定在操作平台上。在两口瓶上装上温度计（离瓶底约 0.5 cm）和油水分离器，分离器上口接装球形冷凝管。在油水分离器中加入水至支管相差 1.5 cm 处。

（2）小火加热让瓶内温度缓慢上升，当温度升至 140 ℃ 时（约需 25 min）停止加热，待瓶内温度降至 50 ℃ 以下时将反应液转入分液漏斗，用 10 mL 5%碳酸钠溶液中和反应液，分出水层。再用饱和食盐水洗涤 2 次，彻底分出水层。有机层用少量无水硫酸钠干燥后转入 10 mL 圆底烧瓶，加热先除去过量的正丁醇，再减压蒸馏，得产品约 3.7 g。纯产品是无色透明液体，具有芳香气味、不挥发，沸点 340 ℃，d_4^{20} = 1.4911。

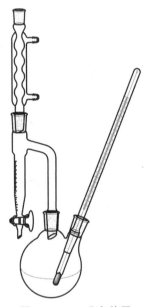

图 4-19-2　反应装置

五、注意事项

（1）正丁醇和水易形成共沸混合物，将水带入油水分离器，上层为正丁醇，下层为水，应注意根据反应产生的水量来判断反应进行的程度。

（2）反应温度不可过高，以免生成的产物在酸性条件分解。

（3）中和时应掌握好碱的用量，否则会影响产物纯度及产率。

六、思考题

（1）计算本次实验反应过程应生成的水量，以判断反应进行的程度。

（2）反应中有可能发生哪些副反应？

（3）若粗产物中和程度不到中性，对后续处理会产生什么不利影响？

附：主要试剂的物理常数

表 4-19-1　本实验主要试剂的物理常数

名　称	分子量	密度 /g·mL⁻¹	熔点/℃	沸点/℃	折光率	溶解度
邻苯二甲酸酐	148.11	1.53	130.8	280	—	难溶于冷水，易溶于热水，乙醇、乙醚、苯等多数有机溶剂
正丁醇	74.12		−88.9	117.7	1.3993	微溶于水，溶于乙醇、醚等多数有机溶剂

产物谱图

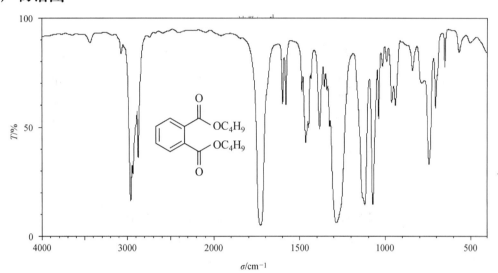

图 4-19-3　邻苯二甲酸二丁酯的红外光谱图

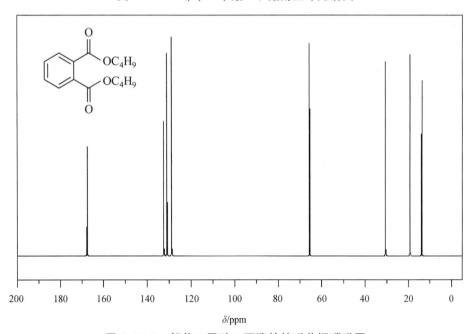

图 4-19-4　邻苯二甲酸二丁酯的核磁共振碳谱图

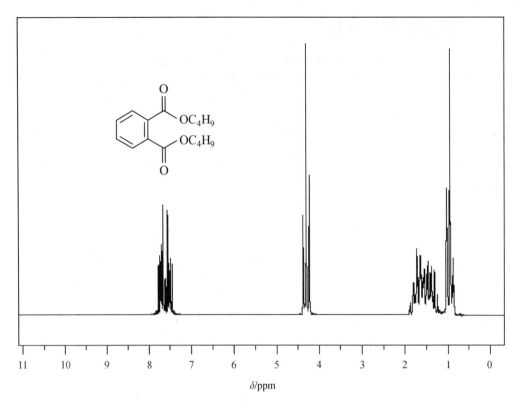

图 4-19-5　邻苯二甲酸二丁酯的核磁共振氢谱图

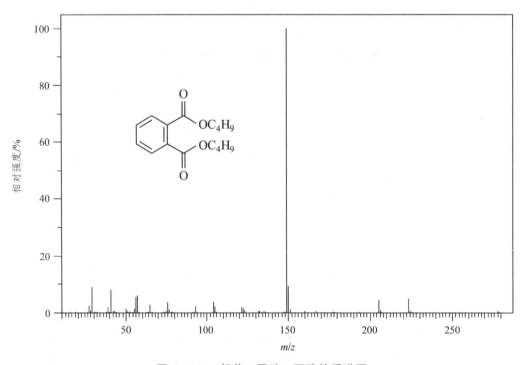

图 4-19-6　邻苯二甲酸二丁酯的质谱图

实验二十　8-羟基喹啉的制备

一、实验目的

（1）学习合成 8-羟基喹啉的原理和方法。
（2）巩固回流加热和水蒸气蒸馏等基本操作。

二、实验原理

苯胺及其衍生物和无水甘油在浓硫酸及弱氧化剂如硝基苯（或与苯胺衍生物相对应的硝基化合物）、间硝基苯磺酸或砷酸等存在下加热可制得喹啉及其衍生物，这一反应通常称为 Skraup 反应。为了避免反应过于剧烈，常加入 $FeSO_4$ 作为氧的载体。浓硫酸的作用是使甘油脱水成丙烯醛，并使苯胺与丙烯醛的加成物脱水成环。硝基苯等弱氧化剂则将环化物 1, 2-二氢喹啉或其衍生物氧化（脱氢）生成喹啉或其衍生物，硝基苯本身则被还原成芳胺，后者也可以参加缩合反应。反应中所用的硝基化合物要与芳胺的结构对应，否则会生成混合物。

8-羟基喹啉为淡黄色或白色针状结晶，见光发黑，有苯酚气味，易溶于乙醇、氯仿、苯、无机酸、丙酮和碱，几乎不溶于水和醚。8-羟基喹啉是卤化喹啉类抗阿米巴药物的中间体，也是农药、染料的中间体，可作为防霉剂、工业防腐剂以及聚酯树脂、酚醛树脂和双氧水的稳定剂，还是化学分析的络合滴定指示剂，它作为性能优异的金属离子螯合剂，已广泛应用于冶金工业和分析化学中的金属元素化学分析、金属离子的萃取、光度分析和金属防腐等方面。8-羟基喹啉由邻氨基酚、邻硝基酚、无水甘油和浓硫酸为原料合成，形成的过程如下：

三、主要仪器与试剂

1. 仪　器
水蒸气蒸馏装置、回流装置。

2. 试　剂
邻硝基苯酚、邻氨基苯酚、无水甘油、浓硫酸、氢氧化钠溶液、饱和碳酸钠溶液。

四、实验步骤

按照图 4-20-1 安装反应装置。在 25 mL 圆底烧瓶中加入 0.45 g 邻硝基苯酚、0.65 g 邻氨基苯酚、2 mL 无水甘油，剧烈振荡，使之混匀。在不断振荡下慢慢滴入 1.2 mL 浓硫酸，于冷水浴上冷却。装上回流冷凝管，用小火在石棉网上加热（或用电热套加热），约 15 min 溶液微沸，立即移开火源。反应大量放热，待反应缓和后，继续小火加热，保持反应物微沸回流 1 h。冷却后，加入 4 mL 水，充分摇匀，按图 4-20-2 安装水蒸气蒸馏装置，进行简易水蒸气蒸馏，除去未反应的邻硝基苯酚（约 30 min），直至馏分由浅黄色变为无色为止。待瓶内液体冷却后，慢慢滴加约 2 mL 1∶1（质量比）氢氧化钠溶液，于冷水中冷却，摇匀后，再小心滴入约 1.25 mL 饱和碳酸钠溶液，使内容物呈中性。

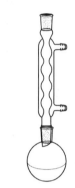

图 4-20-1　反应装置

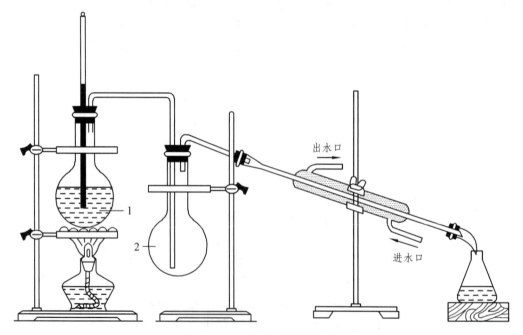

图 4-20-2　水蒸气蒸馏装置

1—水蒸气发生装置；2—蒸馏装置

122

加入 5 mL 水进行水蒸气蒸馏，蒸出 8-羟基喹啉（约 25 min）。待馏出液充分冷却后，抽滤收集析出物，洗涤，干燥，粗产物约 0.75 g。

粗产物用约 6 mL 4∶1（体积比）乙醇-水混合溶剂重结晶，得 8-羟基喹啉 0.5 ~ 0.6 g（产率 54% ~ 68%）。

五、注意事项

（1）仪器必须干燥。

（2）本实验所用的甘油含水量必须小于 0.5%（相对密度 1.26）。如果含水量较大，则 8-羟基喹啉的产量不高。可将普通甘油在通风橱内置于瓷蒸发皿中加热至 180 ℃，冷至 100 ℃ 左右，即可放入盛有硫酸的干燥器中备用。甘油在常温下是黏稠状液体，若用量筒量取时应注意转移中的损失。

（3）反应物加硫酸时，十分黏稠，难以摇动，加入浓硫酸后，黏度大为减少。

（4）此反应为放热反应，溶液呈微沸时，表示反应已经开始，应停止加热。如继续加热，则反应过于激烈，会使溶液冲出容器。

（5）8-羟基喹啉既溶于碱又溶于酸而成盐，且成盐后不被水蒸气蒸馏出来，因此必小心中和，严格控制 pH 在 7 ~ 8。当中和恰当时，瓶内析出的 8-羟基喹啉沉淀最多。

（6）产物蒸出后，检查烧瓶中溶液的 pH，必要时可加少量水再蒸一次，确保产物析出。

（7）由于 8-羟基喹啉难溶于冷水，向滤液中慢慢滴入无离子水，即有 8-羟基喹啉不断析出。

（8）反应的产率以邻氨基苯酚计算，不考虑邻硝基苯酚部分转化后参与反应的量。

六、思考题

（1）为什么第一次水蒸气蒸馏要在酸性条件进行，第二次水蒸气蒸馏要在中性条件下进行？

（2）在反应中如果用对甲基苯胺做原料，应得到什么产物？硝基化合物应如何选择？

附：主要试剂的物理常数

表 4-20-1　本实验主要试剂的物理常数

名　称	分子量	密度 /g·mL⁻¹	熔点/℃	沸点/℃	折光率	溶解度
甘油	92.09	1.263 6	17.8	290.9	1.474 6	可混溶于乙醇，与水混溶，不溶于氯仿、醚、二硫化碳、苯、油类。可溶解某些无机物
邻氨基苯酚	109.12	—	170 ~ 174	—	—	溶于冷水、乙醇、苯、乙醚
邻硝基苯酚	139.11	—	43 ~ 47	214 ~ 216	—	溶于乙醇、乙醚、苯、二硫化碳、苛性碱和热水，微溶于冷水，能与蒸气一同挥发

产物谱图

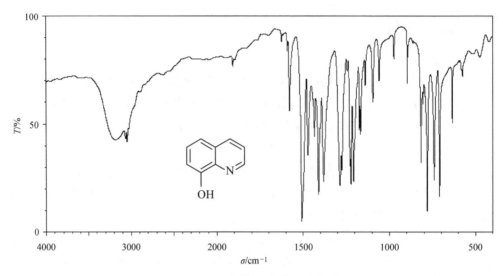

图 4-20-3　8-羟基喹啉的红外光谱图

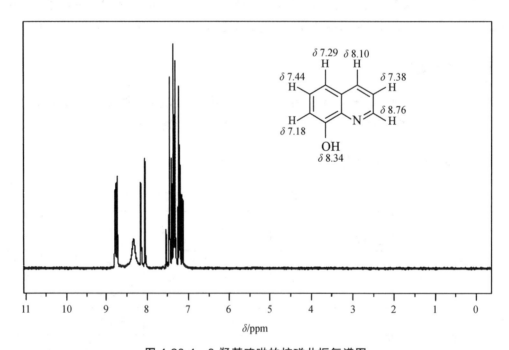

图 4-20-4　8-羟基喹啉的核磁共振氢谱图

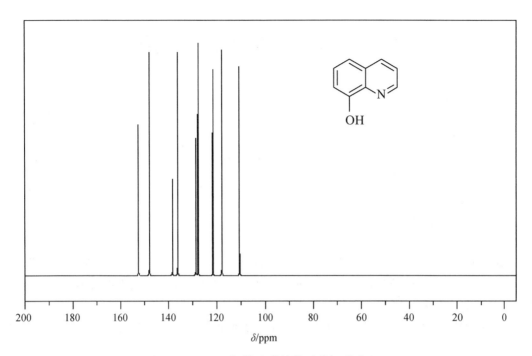

图 4-20-5　8-羟基喹啉的核磁共振碳谱图

实验二十一　甲基橙的制备

一、实验目的

（1）学习和掌握芳香胺的重氮化反应及其偶合反应的原理和方法。
（2）了解和掌握重氮化反应、偶合反应的实验操作。
（3）巩固盐析和重结晶的原理和操作。

二、实验原理

偶氮染料迄今为止仍然是使用最广泛的染料之一。其主要结构特征包括偶氮基（—N＝N—）连接两个芳环。为了改善颜色和提高染色效果，偶氮染料必须含有成盐的基团，如酚羟基、氨基、磺酸基和羧基等。

芳香族伯胺在酸性介质中和亚硝酸钠作用，生成重氮盐，重氮盐与芳香叔胺偶联，可生成偶氮染料。

甲基橙是一种指示剂，它的变色范围 pH 为 3.1～4.4。pH < 3.1 为红色，pH 3.1～4.4 为橙色，pH > 4.4 为黄色。

甲基橙是由对氨基苯磺酸重氮盐与 N, N-二甲基苯胺的醋酸盐在弱酸性介质中偶合得到的。偶合首先得到的是嫩红色的酸式甲基橙，称酸性黄，在碱性介质中酸性黄变为橙黄色的钠盐，即甲基橙。反应式如下：

$$H_2N-\!\!\!\bigcirc\!\!\!-SO_3H + NaOH \longrightarrow H_2N-\!\!\!\bigcirc\!\!\!-SO_3Na + H_2O$$

$$H_2N-\!\!\!\bigcirc\!\!\!-SO_3Na \xrightarrow[\text{HCl}]{\text{NaNO}_2} \left[HO_3S-\!\!\!\bigcirc\!\!\!-\overset{+}{N}\!\!=\!\!N\right]Cl^- \xrightarrow[\text{CH}_3\text{COOH}]{\text{C}_6\text{H}_5\text{N(CH}_3)_2}$$

$$\left[HO_3S-\!\!\!\bigcirc\!\!\!-N\!\!=\!\!N-\!\!\!\bigcirc\!\!\!-\overset{\underset{\text{H}}{|}}{\overset{+}{N}(CH_3)_2}\right]OAc^- \xrightarrow{\text{NaOH}}$$

$$NaO_3S-\!\!\!\bigcirc\!\!\!-N\!\!=\!\!N-\!\!\!\bigcirc\!\!\!-N(CH_3)_2 + NaOAc + H_2O$$

三、主要仪器与试剂

1. 仪　器

50 mL 烧杯、三角瓶、抽滤瓶、布氏漏斗、玻璃棒、电磁搅拌器。

2. 试　剂

1.05 g（0.005 mol）对氨基苯磺酸晶体、0.4 g（0.055 mol）亚硝酸钠、0.6 g（约 0.65 ml，0.005 mol）N, N-二甲基苯胺、盐酸、氢氧化钠、乙醇、乙醚、冰醋酸、淀粉-碘化钾试纸。

四、实验步骤

1. 对氨基苯磺酸重氮盐的制备

在烧杯中加入 5 mL 5%的氢氧化钠溶液及 1.05 g 对氨基苯磺酸晶体[①]，温热使其溶解。另溶 0.4 g 亚硝酸钠于 3 mL 水中，加入上述烧杯中，用冰盐浴冷却至 0~5 ℃。在不断搅拌下，将 1.5 mL 浓盐酸与 5 mL 水配成的溶液缓缓滴加到上述混合溶液中，并控制温度在 5 ℃ 以下，迅速析出对氨基苯磺酸重氮盐的白色针状晶体。滴加完后，用淀粉-碘化钾试纸检验[②]，然后在冰盐浴中放置 15 min，以保证反应完全[③]。

2. 偶　合

将 0.6 g N, N-二甲基苯胺和 0.5 mL 冰醋酸的混合溶液在不断搅拌下慢慢加入上述冷却的重氮盐溶液中。加完后继续搅拌 10 min，然后慢慢加入 12.5 mL 5%氢氧化钠溶液，直至反应物变为橙色，这时反应液呈碱性，粗制的甲基橙呈细粒状沉淀析出[④]。将反应物在近沸腾的水浴中加热 5 min，冷却至室温后，再在冰水浴中冷却，使甲基橙晶体完全析出，抽滤，收集结晶，依次用少量水、乙醇、乙醚洗涤，压紧，抽干。

3. 纯　化

每克粗产品用 100 ℃，25 mL 稀氢氧化钠（含 0.1~0.2 g 溶质）水溶液重结晶。待结晶完全析出后抽滤，收集晶体。依次用很少量的乙醇、乙醚洗涤[⑤]，得到橙色的小叶片状甲基橙结晶，产量约 1.3 g。

取少量甲基橙溶于水中，加几滴稀盐酸，观察溶液呈现的颜色。接着用稀的氢氧化钠溶液中和，观察颜色有何变化。

本实验约需 4 h。

五、注　释

① 对氨基苯磺酸是两性化合物，酸性比碱性强，以酸性内盐存在，所以它能与碱作用成盐，而不能与酸作用成盐。

② 若试纸不显蓝色，需补充亚硝酸钠溶液。

③ 此时往往析出对氨基苯磺酸的重氮盐。这是因为重氮盐在水中可以电离，形成中性内盐，在低温时难溶于水而形成细小晶体析出。

④ 若反应物中含有未作用的 N, N-二甲基苯胺醋酸盐，在加入氢氧化钠后，就会有难溶

于水的 N,N-二甲基苯胺析出，影响产物的纯度。湿的甲基橙在空气中受光的照射后，颜色很快变深，所以一般得紫红色粗产物。

⑤ 重结晶操作应迅速，否则由于产物呈碱性，在温度高时易变质，颜色变深。用乙醇、乙醚洗涤的目的是使其迅速干燥。

六、注意事项

重氮化过程中，应严格控制温度，反应温度若高于 5 ℃，生成的重氮盐易水解为酚，产率降低。

若试纸不显色，需补充亚硝酸钠溶液。

重结晶操作要迅速，否则由于产物呈碱性，在温度高时易变质，颜色变深。用乙醇和乙醚洗涤的目的是使其迅速干燥。

七、思考题

（1）在本实验中，重氮盐的制备为什么要控制在 0～5 ℃ 中进行？

（2）什么叫偶联反应？试结合本实验讨论偶联反应的条件。

（3）在制备的重氮盐中加入氯化亚铜，将出现什么结果？

（4）N,N-二甲基苯胺与重氮盐偶合为什么总是在氨基的对位上发生？

（5）试解释甲基橙在酸、碱介质中的变色原因，并用反应式表示。

（6）用实验中的反应物用量计算产率。

附：主要试剂的物理常数

表 4-21-1　本实验主要试剂的物理常数

名　称	M_r	$\rho/\text{g}\cdot\text{cm}^{-3}$	m.p./℃	b.p./℃	n_D^t	溶解性/（g/100 mL 溶剂）		
						水	乙醇	乙醚
N,N-二甲基苯胺	121.18	0.9557_4^{20}	2.45	194.15	1.5582^{20}	微溶	溶	溶
对氨基苯磺酸	173.84	—	—	—	—	微溶	不溶	不溶
甲基橙	327.34	—	—	—	—	0.2（冷）	微溶	
冰醋酸	60.05	1.049	16.7	118	1.3718	—	混溶	混溶

产物谱图

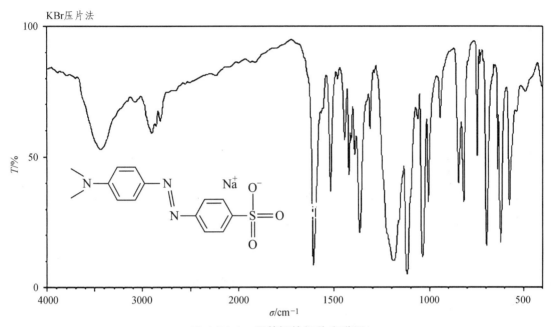

图 4-21-1　甲基橙的红外光谱图

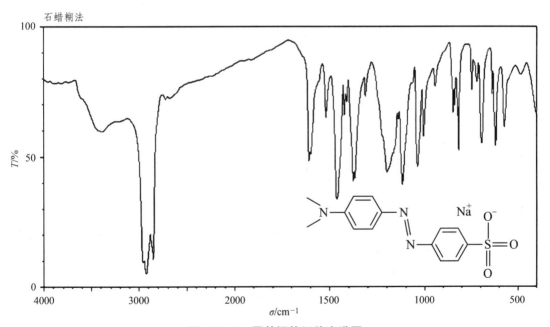

图 4-21-2　甲基橙的红外光谱图

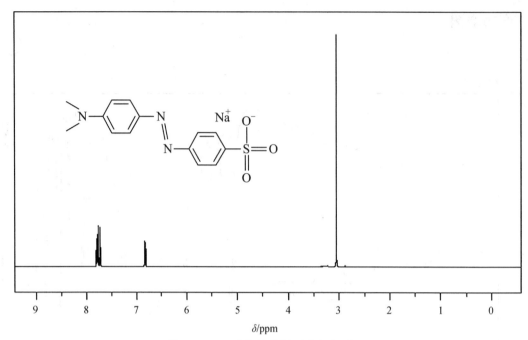

图 4-21-3　甲基橙的核磁共振氢谱图

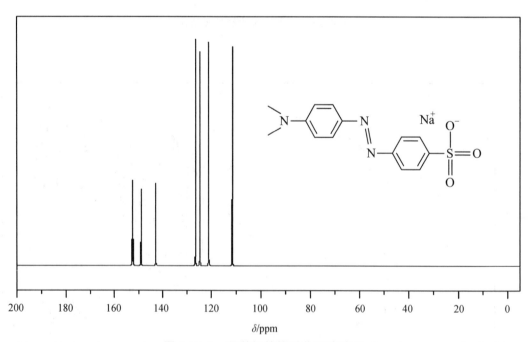

图 4-21-4　甲基橙的核磁共振碳谱图

实验二十二　聚乙烯醇缩甲醛的合成

一、实验目的

（1）了解缩醛反应在生产实际中的应用。

（2）掌握低缩醛化聚乙烯醇缩甲醛的制备方法。

（3）了解聚乙烯醇缩甲醛的应用。

二、实验原理

聚乙烯醇（PVA）水溶性较大，使其实际应用受到限制，利用甲醛进行"缩醛化"反应，得到聚乙烯醇缩甲醛（PVF），可减小其水溶性。PVF 随缩醛化程度不同，性质和用途有所不同。控制较低的缩醛化水平，由于 PVF 分子中含有较多的羟基、醛基等，所得产品具有初黏性好、黏结能力强、存储稳定、不易变质、成本低廉、使用方便的特点，可作为黏合剂和建筑涂料，广泛应用于纸张黏结、书籍装帧、纸盒纸袋生产、办公用胶水等方面。

聚乙烯醇在酸性条件下与甲醛缩合生成聚乙烯醇缩甲醛，反应式如下：

三、主要仪器与试剂

1. 仪　器

25 mL 三口烧瓶、球形冷凝管、磁力搅拌子。

2. 试　剂

聚乙烯醇、10%盐酸、37%甲醛。

四、实验步骤

按照图 4-22-1 安装反应装置。在 25 mL 三口烧瓶中加入 0.2 g 聚乙烯醇、16 mL 水，装上回流冷凝管，水浴加热至 90 ℃，在搅拌下回流，使聚乙烯醇完全溶解。然后降温至 75 ℃，加入 10%盐酸，调节 pH 至 2.5，加入 1.4 mL 37%甲醛，并在 75~80 ℃下搅拌，反应 60~90 min，控制好此过程的温度，随时观察反应物的黏度变化和起泡现象。当反应体系中出现气泡和黏度急剧上升时，停止加热并立即加入氨水中和，调节 pH 为 7 左右，然后再加入 12 mL 水和少量香精，搅拌均匀，降温至 40 ℃以下，出料即为产品。

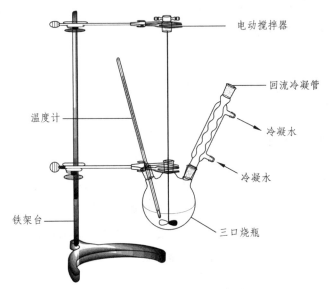

图 4-22-1　聚乙烯醇缩甲醛制备装置图

五、注意事项

（1）聚乙烯醇可选择 17-99 型（聚合度为 1700，醇解度为 99%）或 17-88 型（聚合度为 1700，醇解度为 88%）。

（2）加热时需用水浴，否则聚乙烯醇会炭化。

（3）注意控制好反应时间和温度，过度缩合，反应物会失去黏合力。

六、思考题

（1）如何控制工业生产中聚乙烯醇缩甲醛的游离醛含量？

（2）产品聚乙烯醇缩甲醛的 pH 为何要调至 7.0~7.5，不调行不行？

（3）为什么缩醛度增加，体系水溶性下降？

附：主要试剂的物理常数

表 4-22-1　本实验主要试剂的物理常数

名　称	分子量	密度 /g·mL^{-1}	玻璃化温度/ °C	沸点/ °C	皂化值 /(mg KOH/g)	溶解度
聚乙烯醇 17-99	数万	—	85	—	3～12	溶于 90～95 °C 的热水,几乎不溶于冷水,不溶于有机溶剂
甲醛	30	1.067 （空气为 1）		−19.5	—	能与水、乙醇、丙酮等有机溶剂按任意比例混溶

产物谱图

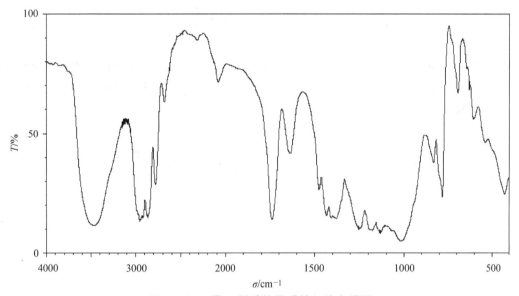

图 4-22-2　聚乙烯醇缩甲醛的红外光谱图

实验二十三 乙酰水杨酸（阿司匹林）的合成

一、实验目的

（1）了解乙酰水杨酸（阿司匹林）的制备原理和方法。
（2）进一步熟悉重结晶、熔点测定、抽滤等基本操作。
（3）了解乙酰水杨酸的应用价值。

二、实验原理

乙酰水杨酸即阿司匹林（aspirin），于 19 世纪末人工合成成功。作为一个有效的解热止痛、治疗感冒的药物，至今仍广泛使用。有关报道表明，人们正在发现它的某些新功能。水杨酸可以止痛，常用于治疗风湿病和关节炎。它是一种具有双官能团的化合物，一个是酚羟基，一个是羧基，羧基和羟基都可以发生酯化，而且还可以形成分子内氢键，阻碍酰化和酯化反应的发生。

阿斯匹林是由水杨酸（邻羟基苯甲酸）与醋酸酐进行酯化反应而得的。水杨酸可由水杨酸甲酯，即冬青油（由冬青树提取而得）水解制得。本实验就是用邻羟基苯甲酸（水杨酸）与乙酸酐反应制备乙酰水杨酸。反应式为

副反应：

三、主要仪器与试剂

1. 仪器

10 mL 圆底烧瓶、50 mL 圆底烧瓶、砂芯漏斗、球形冷凝管、直形冷凝管、蒸馏头、接液管、烧杯。

2. 试剂

水杨酸、乙酸酐、浓硫酸、碳酸氢钠。

四、实验步骤

1. 合成方法一

在 10 mL 圆底烧瓶中加入干燥的水杨酸 1.4 g（0.010 mol）和新蒸的乙酸酐 2 mL（0.020 mol），再加 2 滴浓硫酸，充分摇动。水浴加热，水杨酸全部溶解，保持瓶内温度在 70 ℃左右，维持 20 min，并经常摇动。稍冷后，在不断搅拌下倒入 20 mL 冷水中，并用冰水浴冷却 15 min，抽滤，冰水洗涤，得乙酰水杨酸粗产品。

将粗产品转至 50 mL 圆底烧瓶中，装好回流装置，向烧瓶内加入 20 mL 乙酸乙酯和 2 粒沸石，加热回流，进行热溶解。然后趁热过滤，冷却至室温，抽滤，用少许乙酸乙酯洗涤，干燥，得无色晶体状乙酰水杨酸，称重，计算产率。测熔点。乙酰水杨酸熔点为 136 ℃。

2. 合成方法二

按照图 4-23-1 安装反应装置。在干燥的锥形瓶中加入称量好的水杨酸 2 g（0.045 mol）、乙酸酐 5 mL（5.4 g 0.053 mol），滴入 5 滴浓硫酸，轻轻摇荡锥形瓶使溶解，在 80～90 ℃ 水浴中加热约 15 min。从水浴中移出锥形瓶，当内容物温热时慢慢滴入 3～5 mL 冰水，此时反应放热，甚至沸腾。反应平稳后，再加入 40 mL 水，用冰水浴冷却，并用玻璃棒不停搅拌，使结晶完全析出。抽滤，用少量冰水洗涤 2 次，得阿司匹林粗产物。

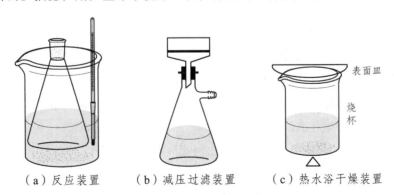

（a）反应装置　　（b）减压过滤装置　　（c）热水浴干燥装置

图 4-23-1　本实验反应装置

将阿司匹林的粗产物移至另一锥形瓶中，加入 25 mL 饱和 NaHCO₃ 溶液，搅拌，直至无 CO_2 气泡产生，抽滤，用少量水洗涤，将洗涤液与滤液合并，弃去滤渣。

先在烧杯中加入大约 5 mL 浓盐酸，并加入 10 mL 水，配好盐酸，再将上述滤液倒入烧杯中，阿司匹林重新沉淀析出，冰水冷却令结晶完全析出，抽滤，冷水洗涤，压干滤饼，干燥，称重，计算产率。

五、注意事项

（1）热过滤时，应该避免明火，以防着火。

（2）为了检验产品中是否还有水杨酸，利用水杨酸属酚类物质，可与三氯化铁发生颜色反应的特点，将几粒结晶加入盛有 3 mL 水的试管中，加入 1～2 滴 1% $FeCl_3$ 溶液，观察有无颜色反应（紫色）。

（3）产品乙酰水杨酸易受热分解，因此熔点不明显，它的分解温度为 128～135 ℃。因此重结晶时不宜长时间加热，控制水温，产品采取自然晾干。用毛细管测熔点时宜先将溶液加热至 120 ℃ 左右，再放入样品管测定。

（4）仪器要全部干燥，药品也要经干燥处理，醋酐要使用新蒸馏的，收集 139～140 ℃ 的馏分。

（5）本实验中要注意控制好温度（水温 90 ℃）。

（6）产品用乙醇-水或苯-石油醚（60～90 ℃）重结晶。

六、思考题

（1）为什么使用新蒸馏的乙酸酐？

（2）加入浓硫酸的目的是什么？

（3）为什么控制反应温度在 70 ℃ 左右？

（4）怎样洗涤产品？

（5）乙酰水杨酸还可以使用哪些溶剂进行重结晶？重结晶时需要注意什么？

（6）测定熔点时需要注意什么问题？

（7）水杨酸与醋酐的反应过程中，浓硫酸的作用是什么？

（8）若在硫酸的存在下，水杨酸与乙醇作用，将得到什么产物？写出反应方程式。

（9）本实验中可产生什么副产物？

（10）通过什么样的简便方法可以鉴定出阿司匹林是否变质？

（11）混合溶剂重结晶的方法是什么？

（12）本实验是否可以使用乙酸代替乙酸酐？

七、深入讨论

1. 阿司匹林的应用价值

阿司匹林（aspirin）又名乙酰水杨酸、醋柳酸，是使用最多、时间最长的解热、镇痛和消炎药物，能抑制体温调节中枢的前列腺素合成酶，使前列腺素（pge1）合成、释放减少，从而恢复体温中枢的正常反应性，使外周血管扩张并排汗，使体温恢复正常。本品还具有抗炎、抗风湿作用，并促进人体内所合成的尿酸的排泄，对抗血小板的聚集。适用于解热，减轻中度疼痛如关节炎、神经痛、肌肉痛、头痛、偏头痛、痛经、牙痛、咽喉痛、感冒及流感症状。

2. 阿司匹林的鉴定

（1）外观及熔点

纯乙酰水杨酸为白色针状或片状晶体，m.p.为 135～136 ℃，但由于它受热易分解，因此熔点难测准。

（2）产物谱图

见附录。根据几种谱图结合分析，可较准确地定性鉴定阿司匹林。

附：主要试剂的物理常数

表 4-23-1　本实验主要试剂和产品的物理常数

名　　称	分子量	m.p.或 b.p/°C	水溶性	醇溶性	醚溶性
水杨酸	138	158（m.p.）	微	易	易
醋酐	102.09	139.35（b.p.）	易	溶	∞
乙酰水杨酸	180.17	135（m.p.）	溶、热	溶	微

产物谱图

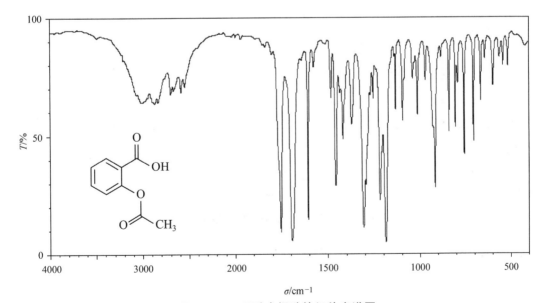

图 4-23-2　乙酰水杨酸的红外光谱图

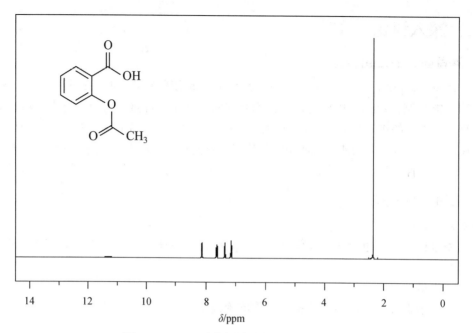

图 4-23-3　乙酰水杨酸的核磁共振氢谱图

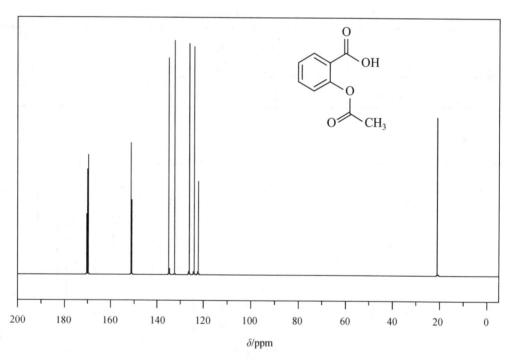

图 4-23-4　乙酰水杨酸的核磁共振碳谱图

实验二十四　硝苯地平（药物心痛定）的制备

一、实验目的

（1）学习用 Hantzsch 反应合成二氢吡啶类心血管药物的原理和方法。
（2）掌握用薄层色谱法跟踪反应的操作。

二、实验原理

硝苯地平（Nifedipine）又名心痛定，化学名为 1,4-二氢-2,6-二甲基-4-（2-硝基苯基）-3,5-吡啶二甲酸二甲酯，是第一代钙拮抗剂，为抗高血压、防治心绞痛药物，是 20 世纪 80 年代中期世界畅销的药物之一。

硝苯地平在结构上属二氢吡啶衍生物。二氢吡啶衍生物可以通过 Hantzsch 反应，由 2 分子酮酸酯和 1 分子醛、1 分子氨缩合成环得到。所以硝苯地平的制备主要由邻硝基苯甲醛、乙酰乙酸乙酯和氨水通过 Hantzsch 二氢吡啶合成反应缩合得到，这也是目前工业生产的主要途径。反应式如下：

三、主要仪器与试剂

1. 仪　器

50 mL 三口烧瓶、球形冷凝管、薄层色谱板、层析缸、紫外分析仪、加热套。

2. 试　剂

2.5 g（0.016 mol）邻硝基苯甲醛、3.8 g（0.0328 mol）乙酰乙酸甲酯、甲醇、2.0 mL（0.0264 mol）25%氨水、乙酸乙酯、石油醚。

四、实验步骤

按照图 4-24-1 安装反应装置。在 25 mL 三口烧瓶中加入 2.5 g 邻硝基苯甲醛、3.8 g 乙酰乙酸甲酯、10 mL 甲醇和 2.0 mL 25%氨水，加入磁力搅拌子。搅拌下加热至回流，并保持温度稳定。实验过程中用薄层色谱法（TLC）检测反应，约 3 h 后原料邻硝基苯甲醛基本消失，新生成点（反应主产物）显著，R_f 为 0.44（展开剂为体积比 1∶1 的石油醚-乙酸乙酯混合溶剂）。停止加热，稍冷却后将反应液倒入盛有 40 mL 冰水的烧杯中，静置冷却，析出黄色固体。抽滤，加少量冰甲醇洗涤，得粗产品。粗产物用甲醇重结晶，得淡黄色晶体或粉末，干燥，称重并计算产率。

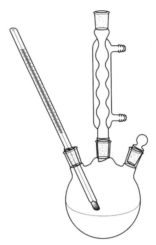

图 4-24-1　反应装置

纯硝苯地平为淡黄色针状晶体，熔点 172 ~ 174 ℃。

五、注意事项

（1）反应开始时，加热应缓慢，避免大量氨气逸出。
（2）注意实验记录规范，严格控制投料比。

六、思考题

（1）如何鉴别产物硝苯地平及其纯度？
（2）试写出 Hantzsch 反应的机理。

附：主要试剂的物理常数

表 4-24-1　本实验主要试剂的物理常数

名　称	分子量	密度 /g·mL⁻¹	熔点/℃	沸点/℃	折光率	溶解度
乙酰乙酸甲酯	100.16	1.077	−28	169	1.4190	易溶于水，溶于乙醇、醚等有机溶剂
邻硝基苯甲醛	151.12	—	43.0	—	—	微溶于水，易溶于乙醇、乙醚等有机溶剂

产物谱图

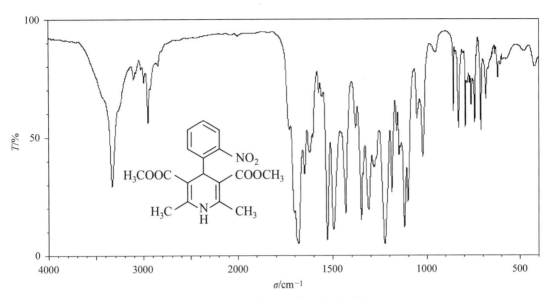

图 4-24-2　硝苯地平的红外光谱图

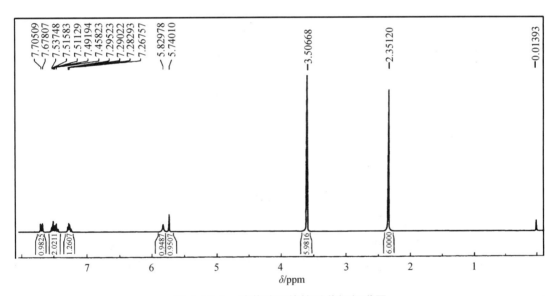

图 4-24-3　硝苯地平的核磁共振氢谱图

实验二十五 环保固体酒精生产工艺

一、实验目的

（1）了解固体酒精的生产原理和方法。
（2）掌握固体酒精的生产工艺和操作技能。
（3）提高绿色能源意识，注重应用能力的提高。

二、实验原理

酒精是一种易燃、易挥发的液体，是重要的有机化工原料，也可作为燃料用于日常生活中。由于液体酒精携带不方便，可将其制备为固体酒精，或称固化酒精。固体酒精是利用硬脂酸钠受热时软化，冷却后又重新凝固的性质，将酒精分子束缚于相互连接的大分子之间，呈不流动状态而使酒精凝固，形成固体状态的酒精（图 4-25-1）。固体酒精使用、运输和携带方便，燃烧时对环境的污染较少，与液体酒精相比更安全。固体酒精是一种安全卫生、方便高效、无毒无污染的绿色环保燃料，广泛应用于家庭、饭店、火锅城、小吃摊以及科研、航海、渔业、勘探、建设工地、军事训练、登山旅游等场所，是煮饭、炒菜及涮羊肉、制作火锅、烧烤和野外工作者的首选热源（图 4-25-2）。产品热值高、不黑锅底、无烟无味、无残渣、清洁卫生、不污染环境。在石块、地面等处无需燃具皆可使用，十分受欢迎。使用时火柴一点即着，火力大，热值高，运输、携带安全方便，保存期长（自然环境中存储，不变质）。固体酒精还可用塑料袋或塑料杯包装，成本大大降低，具有颜色可调，韧性好，不挥发、不浪费，燃烧时间长的特点。

图 4-25-1 固体酒精成品

图 4-25-2 固体酒精炉

三、主要仪器与试剂

1. 仪 器

25 mL 烧杯、50 mL 量筒、1 mL 移液管、温度计、50 mL 圆底烧瓶、回流冷凝管。

2. 试 剂

95%酒精、蒸馏水、硬脂酸、氢氧化钠、硝酸铜、石蜡、酚酞。

四、实验步骤

用蒸馏水将硝酸铜配制成 10%的水溶液，备用。

向装有回流装置的 50 mL 圆底烧瓶中分别加入 0.65 g 硬脂酸、15 mL 工业酒精、0.18 g 石蜡、1 滴酚酞和磁力搅拌子。加热套加热至 70 °C 左右，并维持 70 °C 直至硬脂酸全部溶解。

将 0.11 g 氢氧化钠和 0.44 g 水加入 25 mL 的烧杯中，搅拌溶解后再加入 7.5 mL 酒精，摇匀，将液体从冷凝管上端缓慢加至含有硬脂酸、石蜡、酒精的圆底烧瓶中，继续维持水温在 70 °C 左右，回流 10 min 后，一次性加入 0.75 mL 10%的硝酸铜溶液，继续反应 5 min 后，停止加热，冷却至 60 °C，将反应液趁热倒进模具中，自然冷却后密封，即得到蓝绿色的固体酒精。

该工艺中采用硬脂酸在一定温度下与氢氧化钠反应，生成硬脂酸钠，大大降低了固体酒精的成本。该工艺具有原料易得、工艺简单、易成形包装、易用于工业化生成等特点，特别适合中小企业和家庭生产产品，具有广阔的市场前景。

五、思考题

（1）胶冻状的酒精是怎样形成的？
（2）如何制备不同颜色的固体酒精？
（3）加入氢氧化钠溶液过程中，反应液颜色是怎么变化的？

附：主要试剂物理常数

表 4-25-1　本实验主要试剂的物理常数

名　称	分子量	密度 /g·mL^{-1}	熔点/ °C	沸点/ °C	折光率	溶解度
乙醇	46.07	0.789	−114.1	78.3	1.200	易溶于水，溶于乙醚、丙酮等有机溶剂
硬脂酸	284.48	—	69.6	—	—	不溶于水，微溶于乙醇，溶于乙醚、苯等有机溶剂

技术指标或产品性能

生产时无需专用设备及动力电。产品可用塑料袋或塑料盒包装。无需燃具亦可使用，燃烧时不熔化，直接由固体升华为气体燃烧，蓝色火焰，不挥发、不浪费，火力大，热值高（100 g 煮开 3 kg 水）、燃烧时间特长（200 g/块，燃 2.5 h，且可调更长），产品无毒、无烟、无味，燃烧后无残渣。

实验二十六　表面活性剂十二烷基硫酸钠的合成

一、实验目的

（1）了解表面活性剂的用途及分类。
（2）掌握十二烷基硫酸钠的合成原理及方法。

二、实验原理

表面活性剂可分为阴离子表面活性剂，如高级脂肪酸盐、烷基苯磺酸盐、硫酸酯盐等；阳离子表面活性剂，如胺盐型、季铵盐型等；两性离子表面活性剂，如氨基酸型、咪唑啉型等；非离子表面活性剂，如长链脂肪醇聚氧乙烯醚、烷醇酰胺等；特殊类型表面活性剂，如氟表面活性剂、硅表面活性剂。

十二烷基硫酸钠，别名为月桂醇硫酸钠，是阴离子硫酸酯类表面活性剂的典型代表。由于它具有良好的乳化性、起泡性，可生物降解，耐碱及耐硬水等特点，广泛应用于化工、纺织、印染、制药、造纸、石油、化妆品和洗涤用品制造等各工业行业。表面活性剂的开发与应用已成为一个非常重要的行业，通过本综合实验，学生可掌握表面活性剂研究的最基本实验技术和知识。合成表面活性剂的主要反应如下：

$$n\text{-}C_{12}H_{25}OH + ClSO_3H \longrightarrow n\text{-}C_{12}H_{25}OSO_3H + HCl$$

$$n\text{-}C_{12}H_{25}OSO_3H + NaOH \longrightarrow n\text{-}C_{12}H_{25}OSO_3Na + H_2O$$

本实验主要操作流程如图 4-26-1 所示：

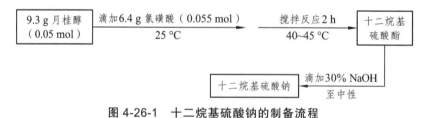

图 4-26-1　十二烷基硫酸钠的制备流程

三、主要仪器与试剂

1. 仪　器

三口瓶、磁力搅拌器、温度计、气体吸收装置、界面张力仪、泡沫测定仪。

2. 试　剂

月桂醇、氯磺酸、氢氧化钠、双氧水。

四、实验步骤

在 25 mL 三口瓶中加入 9.3 g 月桂醇，装上恒压滴液漏斗、温度计和气体吸收装置，用磁力搅拌器搅拌，于室温下（25 ℃）慢慢滴入 6.4 g 氯磺酸，加完后在 40～50 ℃下反应 2 h。停止搅拌，冷却至室温，缓慢滴加 30%氢氧化钠溶液，直到反应物呈中性为止。将反应物倒入烧杯中，搅拌下滴加 50 mL 30%双氧水，继续搅拌 30 min，得十二烷基硫酸钠黏稠液体。测定其含量、表面张力和泡沫性能。

五、注意事项

（1）氯磺酸遇水会分解，故所用玻璃仪器必须干燥。
（2）氯磺酸腐蚀性较强，使用时需做好防护措施。

六、思考题

（1）举出几种常见的阴离子表面活性剂，并写出其结构。
（2）高级硫醇酸酯盐有哪些特征和用途？

附：主要试剂的物理常数

表 4-26-1　本实验主要试剂的物理常数

名　称	分子量	密度 /g·mL^{-1}	熔点/℃	沸点/℃	折光率	溶解度
月桂醇	186.38	0.830 9	24	259	1.428 2	不溶于水、甘油，溶于丙二醇、乙醇、苯、氯仿、乙醚
氯磺酸	116.52	1.77	−80	151	—	不溶于二硫化碳、四氯化碳，溶于氯仿、乙酸

产物谱图

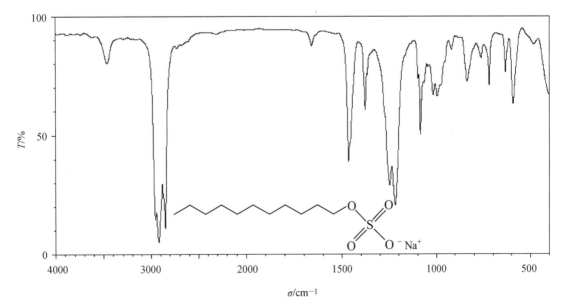

图 4-26-2　十二烷基硫酸钠的红外光谱图

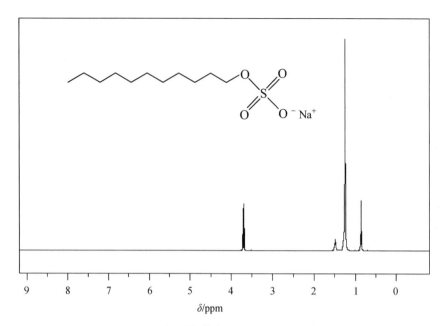

图 4-26-3　十二烷基硫酸钠的核磁共振氢谱图

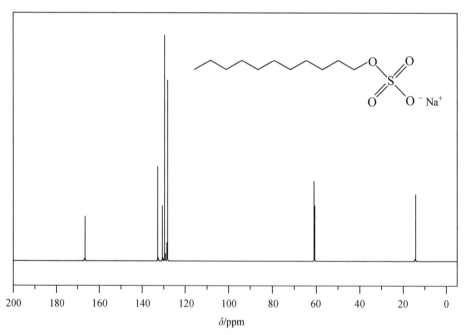

图 4-26-4　十二烷基硫酸钠的核磁共振碳谱图

实验二十七　驱蚊剂 *N, N*-二乙基间甲基苯甲酰胺的合成

一、实验目的

（1）掌握驱蚊剂的合成、光谱表征、含量检测方法及应用。
（2）掌握柱色谱分离操作。
（3）熟悉红外光谱仪、核磁共振仪和气相色谱仪的使用。

二、实验原理

蚊虫是主要的病媒之一，到处传播各种疾病，严重危害人类健康。目前，人类一般用杀虫剂和驱避剂对其进行防治。杀虫剂以灭杀蚊虫为目的，但由于大量使用所造成的抗药性及环境污染等问题，已逐渐引起人们的重视。驱避剂则不直接使蚊虫致死，其主要功能是防治蚊虫的叮咬，可设计成各种剂型，因而国内外非常重视蚊虫驱避剂的研究。一般优良的蚊虫驱避剂应该具有下列特点：高效、长效、广谱的驱避作用，对人畜无害或者毒性很低，使用时对皮肤无明显刺激，香气适宜，性质稳定且携带方便。

能作为驱蚊剂的化合物分子结构广泛。1953 年，科学家在 2 万多种化合物中筛选潜在的驱蚊化合物，发现 *N, N*-二乙基间甲基苯甲酰胺（DETA/DEET）具有驱蚊特效，并于 1956 年成药投入市场。多年来，其一直是国际上公认的应用效果最好、广泛使用的安全广谱驱蚊剂之一。

酰胺通常由羧酸和胺类反应制得，有时也用酸酐或者酯类化合物，但是酰氯最有效，可以衍生得到各种各样的酰胺。酰氯活性较强，反应很快且大量放热，因此，必须通过冷却或者选用惰性溶剂如乙醚来完成反应。

本实验以间甲基苯甲酸为原料，先与氯化亚砜反应制备间甲基苯甲酰氯，然后经Schotten-Baumann 反应得到目标产物 *N, N*-二乙基间甲基苯甲酰胺。粗产品经减压蒸馏或柱层析纯化。反应式如下：

$(CH_3CH_2)_2\overset{+}{N}H_2\overset{-}{C}l + NaOH \longrightarrow (CH_3CH_2)_2NH + NaCl + H_2O$

三、主要仪器与试剂

1. 仪 器

三口瓶、滴液漏斗、冷凝管、磁力搅拌器、温度计、气体吸收装置。

2. 试 剂

间甲基苯甲酸、氢氧化钠、乙醚、二氯亚砜、乙二胺盐酸盐、正己烷、十二烷基磺酸钠、氯化钠、硫酸镁。

四、实验步骤

1. 间甲基苯甲酰氯的制备

在装有滴液漏斗、回流冷凝管（连接气体吸收装置）的 100 mL 三口瓶中加入 30 mmol 间甲基苯甲酸，滴加 2.6 mL（36 mmol）二氯亚砜，水浴加热 30 min，至反应不在有气体放出。将反应液在冰水浴中冷却。

2. N,N-二乙基间甲基苯甲酰胺的制备

量取 35 mL 4.0 mol/L 的氢氧化钠溶液，倒入锥形瓶中，然后在冰水浴中冷却。于通风橱中分批加入 25.0 mmol 乙二胺盐酸盐，再加入 0.1 g 十二烷基磺酸钠。将此溶液转移至分液漏斗，缓慢加入步骤 1 的反应混合物中（每分钟 6～8 mL，冰水浴中搅拌），然后在热水浴中加热至少 15 min。

3. N,N-二乙基间甲基苯甲酰胺的分离纯化

将反应混合物冷却至室温，转移至分液漏斗中，以乙醚萃取 3 次，每次 20 mL，合并萃取液，先用 30 mL 1 mol/L 的盐酸洗涤，再用 30 mL 饱和氯化钠溶液洗涤，然后用无水硫酸镁干燥，最后将乙醚蒸馏回收，得到粗产品，以氧化铝进行柱层析，正己烷为洗脱剂，收集黄色色带（粗产品可减压蒸馏提纯）。

五、注意事项

（1）称量二氯亚砜时要小心，在通风橱中进行。
（2）所有玻璃仪器必须干燥。

六、思考题

（1）在间甲基苯甲酰氯的合成过程中，如果仪器或者试剂含有水分，对反应会造成何种影响？
（2）后处理过程中，洗涤有机相醚层的作用是什么？

附: 主要试剂的物理常数

表 4-27-1　本实验主要试剂的物理常数

名　　称	分子量	密度 /g·mL^{-1}	熔点/℃	沸点/℃	折光率	溶解度
间甲基苯甲酸	136.15	—	111~113	263	—	几乎不溶于水，微溶于沸水，溶于乙醇、乙醚
二氯亚砜	118.97	1.64	−105	78.8	—	可混溶于苯、氯仿、四氯化碳等

产物谱图

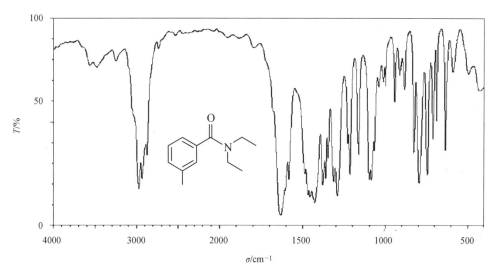

图 4-27-1　N, N-二乙基间甲基苯甲酰胺的红外光谱图

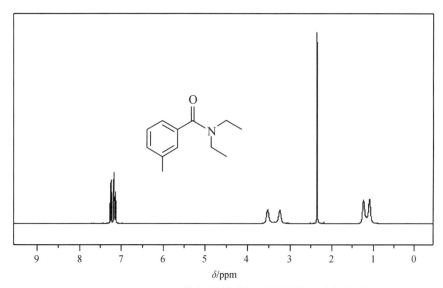

图 4-27-2　N, N-二乙基间甲基苯甲酰胺的核磁共振氢谱图

149

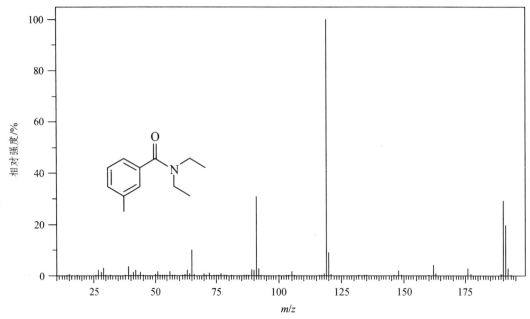

图 4-27-3 　N, N-二乙基间甲基苯甲酰胺的质谱图

实验二十八　微波法合成对氨基苯磺酸

一、实验目的

（1）了解微波辐射下合成对氨基苯磺酸的原理和方法。

（2）掌握微波加热进行实验操作的技术。

二、实验原理

微波辐射区位于电磁光谱中红外线辐射区与无线电辐射区之间,它的波长一般在 1 mm ~ 1 m,相应的频率在 0.3 ~ 300 GHz。一般来说,为了避免干扰,工业和家用的用于加热的微波装置的波长一般控制在 12.2 cm,频率控制在（2.450 ± 0.050）GHz。微波技术早已应用于无机化学,但直到 20 世纪 80 年代中期才应用于有机化学,其发展缓慢主要是由于这种技术缺乏可控制性、可再生性、安全因素以及人们对微波介电加热本质的理解水平比较低等。

室温下芳香胺与浓 H_2SO_4 混合生成 N-磺基化合物,然后加热转化为对氨基苯磺酸。它在常规方法下加热反应需要几个小时,而用微波 10 min 左右即可完成。反应式如下:

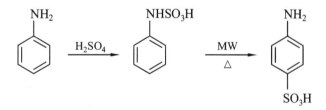

本实验的操作流程如图 4-28-1 所示:

图 4-28-1　对氨基苯磺酸的制备流程

三、主要仪器与试剂

1. 仪　器

微波反应器、三口烧瓶、温度计、回流冷凝管、滴液漏斗。

2. 试　剂

苯胺、硫酸、活性炭。

四、实验步骤

（1）在 25 mL 圆底烧瓶中加入 2.8 g 新蒸苯胺，分批加入 1.6 g 浓硫酸，并不断振摇。加完酸后将圆底烧瓶放入微波炉内，装上空气冷凝管，并同时在微波炉内放入盛有 100 mL 水的烧杯，火力调至低档，持续 10 min。关闭微波炉待稍冷，取出 1~2 滴这种混合物，倒入 2mL 10% NaOH 溶液中，若得澄清的溶液，则认为反应完全，否则需继续加热。

（2）反应完毕后，将反应液在不断搅拌下小心地趁热倒入盛有 20 mL 冷水或碎冰的烧杯中。此时有灰白色对氨基苯磺酸析出，冷却后抽滤，用少量水洗涤，然后用活性炭脱色，热水重结晶，可得到含两分子结晶水的对氨基苯磺酸，产量约为 4 g。

五、注意事项

（1）由于加浓硫酸时，H_2SO_4 与苯胺剧烈反应生成苯胺硫酸盐，因此先要滴加，当 H_2SO_4 加至生成盐不能摇振才可分批加入。

（2）用烧杯装 100 mL 水置于微波炉中，可以分散微波能量，从而减少反应中因火力过猛而发生炭化。

（3）稍冷可以使未反应的苯胺冷凝下来，以免苯胺受热挥发而造成损失和中毒。

六、思考题

（1）磺化的反应机理是什么？经历的中间产物是什么？

（2）为什么微波辐射可以加速反应？

（3）制备对氨基苯磺酸的意义何在？

附：主要试剂的物理常数

表 4-28-1　本实验主要试剂的物理常数

名　称	性状	分子量	密度 /g·mL^{-1}	熔点/℃	沸点/℃	折光率	溶解度
苯胺	具有特殊气味的无色油状液体，易燃、有毒	93.12	1.022	62	184.13	1.5863	微溶于水，易溶于乙醇、乙醚和苯

产物谱图

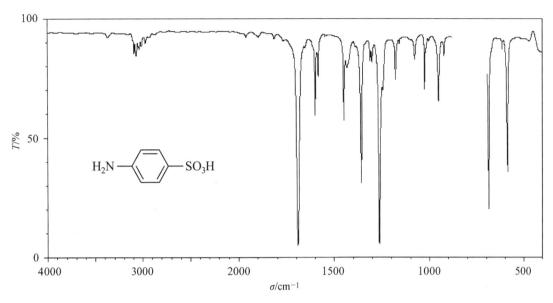

图 4-28-2　对氨基苯磺酸的红外光谱图

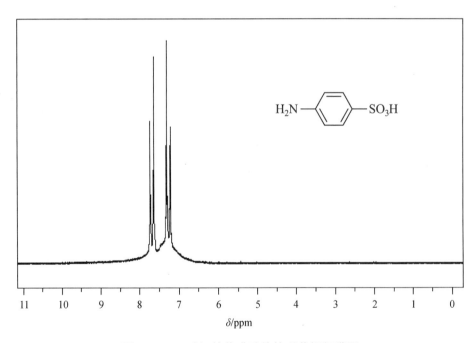

图 4-28-3　对氨基苯磺酸的核磁共振氢谱图

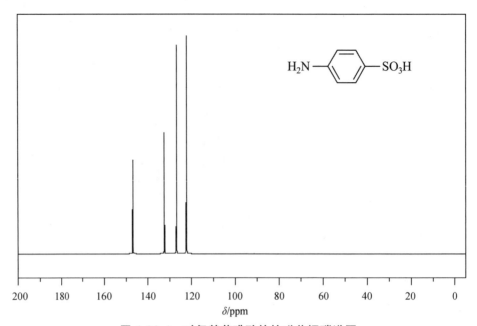

图 4-28-4　对氨基苯磺酸的核磁共振碳谱图

实验二十九　微波辐射合成肉桂酸

一、实验目的

（1）了解微波辐射条件下合成肉桂酸的原理和方法。
（2）进一步掌握微波加热技术的原理和实验操作方法。

二、实验原理

本实验是在微波炉中进行常压反应，将反应物和溶剂放入常规方法所用的玻璃器皿中，装上常规方法装置，反应物和溶剂吸收微波能量后温度升高。微波作用下反应体系能快速升温，并发生反应，从而明显缩短反应时间，提高反应效率。

芳香醛和醋酸在碱催化作用下，生成 α,β-不饱和芳香醛，称 Perkin 反应，催化剂通常是相应酸酐的羧酸钾或钠盐，有时也可用碳酸钾或叔胺代替。

制备肉桂酸的反应方程式如下：

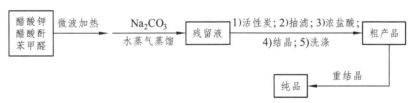

本实验的操作流程如图 4-29-1 所示：

醋酸钾 醋酸酐 苯甲醛 →（微波加热）→ Na₂CO₃ 水蒸气蒸馏 → 残留液 →1)活性炭；2)抽滤；3)浓盐酸 4)结晶；5)洗涤→ 粗产品 →（重结晶）→ 纯品

图 4-29-1　肉桂酸的制备流程

三、主要仪器与试剂

1. 仪　器

微波反应器、25 mL 单口圆底烧瓶、温度计、球形冷凝管。

2. 试　剂

1 g 无水醋酸钾、2.5 mL 醋酸酐、1.6 mL 苯甲醛。

四、实验步骤

在 25 mL 圆底烧瓶中加入 1.6 mL 新蒸馏的苯甲醛、2.5 mL 新蒸馏过的乙酸酐和 1 g 无水醋酸钾，装上回流冷凝管。将微波活力调至低档，在微波炉中加热回流 15 min。

反应完毕，向其中加入 10 mL 热水和少量碳酸钠（2~3 g），使溶液呈弱碱性。然后在微波炉中进行简易的水蒸气蒸馏，直至无油状物蒸出为止。

在残留液中加入少量活性炭，加热煮沸 2~3 min，使其脱色，然后进行热过滤。待滤液冷却至室温后，将滤液转移至干净的 50 mL 烧杯中，小心加入浓盐酸酸化至刚果红试纸变蓝。然后冷却，待晶体析出后，进行抽滤，晶体用少量冷水洗涤，干燥，产品约 1.5 g。粗产品可用体积比为 3:1 的水-乙醇混合溶剂重结晶。产品熔点文献值为 132~133 ℃。

五、注意事项

（1）无水醋酸钾需新鲜焙烧。水是极性物质，能激烈吸收微波，影响反应物吸收微波的效率。

（2）反应进行到一定程度，可见有一黄色层出现在烧瓶内上层。

六、思考题

（1）用无水醋酸钾做缩合剂，回流结束后加入固体碳酸钠，使溶液呈碱性，此时溶液中有哪几种化合物，各以什么形式存在？

（2）与常规反应相比，微波加热反应的优点是什么？

附：产物谱图（见实验十八）

实验三十　超声波辐射合成三苯甲醇

一、实验目的

（1）学习格氏反应的基本原理和操作。

（2）了解超声波在有机合成中应用的原理，掌握其操作技术。

（3）巩固萃取、蒸馏、重结晶以及蒸馏乙醚的安全操作方法。

二、实验原理

有机声化学合成是利用超声波（20～80 kHz）的声空化效应，在介质的微区和极短的时间内产生高温高压环境，从而增加反应速率，降低反应的苛刻条件，并可改变反应的途径和选择性，因而是一种有应用前景的合成技术。

格氏（Grignard）试剂是卤代烃在无水乙醚或四氢呋喃中与镁反应生成的有机镁化合物，其易于和不饱和化合物发生加成反应。格氏试剂是有机合成中用途极广的一种试剂，可用于合成烷烃、醇、醛、羧酸等各类化合物。

在 Grignard 试剂的合成中，传统的方法需要绝对干燥的乙醚，但在超声波条件下可使用无需特殊处理的无水乙醚，而且反应速率快，产率良好。

二苯甲酮与苯基溴化镁超声辐射下合成三苯甲醇的反应方程式如下：

三、主要仪器与试剂

1. 仪　器

CQ-250 型超声波清洗器、100 mL 三口烧瓶、回流冷凝管、恒压滴液漏斗。

2. 试　剂

镁屑、无水乙醚、溴苯、二苯甲酮、碘、20%硫酸、石油醚。

四、实验步骤

将 100 mL 的三口烧瓶置于 CQ-250 型超声波清洗器中，清洗槽内加入水（高 5～8 cm），三口烧瓶上分别安装回流冷凝管和恒压滴液漏斗。三口瓶内加入 0.7 g 镁屑和 5 mL 无水乙醚（新开瓶的），将 2.7 mL 溴苯和 10 mL 无水乙醚的混合液加入恒压滴液漏斗中，先滴入约 1 mL，超声波辐射 1~2 min 后停止，向反应瓶内加入一小粒碘晶体，此时反应即被引发（若不反应可用温水浴温热），液体沸腾，碘的颜色逐渐消失。当反应变缓慢时，开始滴加溴苯和无水乙醚的混合液，并适当进行间歇式超声波辐射，滴加完混合液体后（约 40 min），继续超声波辐射 5 min 左右，以使反应完全，得到灰白色的苯基溴化镁格氏试剂。

向格氏试剂的反应液中缓慢滴加含 4.5 g 二苯甲酮和 13 mL 无水乙醚的混合液，在此期间进行间歇式超声波辐射，并不时补加无水乙醚溶剂。滴加完毕，再继续超声辐射 10 min 左右，以使反应完全。

注意：以上超声波辐射时，清洗器中水温不得超过 25 ℃。

撤去超声波清洗器，并将反应瓶置于冰水浴中，搅拌下，滴加 20%硫酸（约 25 mL），使加成物分解成三苯甲醇。然后分出乙醚层，水浴蒸出乙醚，剩余物中加入 10 mL 石油醚（沸程 90~120 ℃），搅拌约 10 min，析出白色晶体，抽滤，白色晶体用石油醚（沸程 90~120 ℃）与 95%乙醇重结晶，冷却，抽滤，干燥，得到白色片状晶体，称量，测熔点，计算产率。

纯三苯甲醇为白色片状晶，m.p. 162.2 ℃。

五、注意事项

（1）超声波辐射时，清洗器中水温不得超过 25 ℃，否则超声空化效应减弱，并且乙醚也会挥发。

（2）实验中所用乙醚无需特殊处理，使用新开瓶的无水乙醚即可满足格氏试剂的要求。实验中仪器必须充分干燥。

（3）保持卤代烃在反应液中局部高浓度，有利于引发反应，因而在反应初期不用超声波辐射。

（4）副产物易溶于石油醚中而被除去。

六、思考题

（1）有机声化学合成的原理是什么？
（2）实验过程控制水温的目的何在？

附：主要试剂的物理常数

表 4-30-1　本实验主要试剂的物理常数

名　称	分子量	密度 /g·mL⁻¹	熔点/℃	沸点/℃	折光率	溶解度
溴苯	157	1.5	−30.7	156.2	—	不溶于水，溶于甲醇、乙醚、丙酮、苯、四氯化碳等多数有机溶剂
二苯甲酮	182.22	1.086 9	48.5	305.4	1.607 7	不溶于水，溶于乙醇、乙醚、氯仿

产物谱图

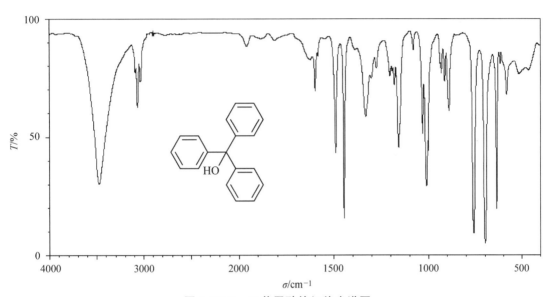

图 4-30-1　三苯甲醇的红外光谱图

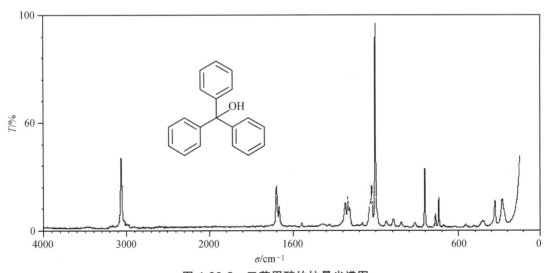

图 4-30-2　三苯甲醇的拉曼光谱图

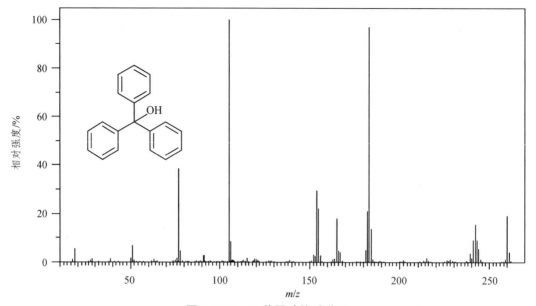

图 4-30-3　三苯甲醇的质谱图

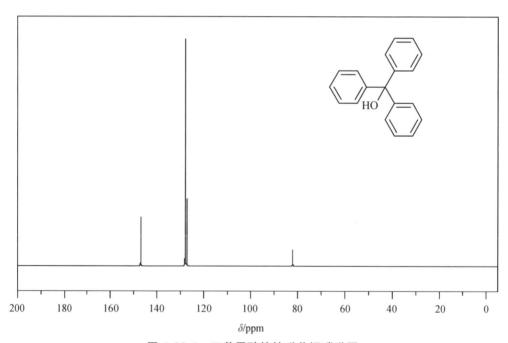

图 4-30-4　三苯甲醇的核磁共振碳谱图

参考文献

[1] 兰州大学、复旦大学化学系有机化学教研室. 有机化学实验[M]. 2 版，北京：高等教育出版社，1994.

[2] 李霁良，殷彩霞. 微型半微型有机化学实验[M]. 北京：高等教育出版社，2003.

[3] 李英俊，孙淑琴. 半微量有机化学实验[M]. 北京：化学工业出版社，2005.

[4] 杨高文. 基础化学实验（有机化学部分）[M]. 南京：南京大学出版社，2010.

[5] 谷珉珉，贾韵仪，姚子鹏. 有机化学实验[M]. 上海：复旦大学出版社，1991.

[6] 周宁怀，王德琳. 微型有机化学实验[M]. 北京：科学出版社，1999.

[7] 奚关根，赵长安，高建宝. 有机化学实验[M]. 上海：华东理工大学出版社，1999.

[8] 刘玉美，马晨. 微型有机化学实验[M]. 济南：山东大学出版社，1997.

[9] 金钦汉. 微波化学[M]. 北京：科学出版社，2001.

[10] 李兆龙，阴金香，林天舒. 有机化学实验[M]. 北京：清华大学出版社，2001.

[11] 《实用化学手册》编写组. 实用化学手册[M]. 北京：科学出版社，2001.

[12] 日本国家高等工业科学术研究所. 有机化合物综合光谱数据库[OL] http: //sdbs.db.aist.go.jp/sdbs/cgi-bin/direct_frame_top.cgi.

附录 A 元素周期表

元素周期表

图例说明：
原子序数 ── 92 U ── 元素符号，红色指放射性元素
铀 ── 元素名称，注*的是人造元素
5f³6d¹7s² ── 外围电子层排布，括号指可能的电子层排布
238.0 ── 相对原子质量（加括号的数据为该放射性元素半衰期最长同位素的质量数）

图例：非金属　金属　过渡元素

周期	IA 1	IIA 2	IIIB 3	IVB 4	VB 5	VIB 6	VIIB 7	VIII 8	VIII 9	VIII 10	IB 11	IIB 12	IIIA 13	IVA 14	VA 15	VIA 16	VIIA 17	0 18	电子层	电子层电子数
1	1 H 氢 1s¹ 1.008																	2 He 氦 1s² 4.003	K	2
2	3 Li 锂 2s¹ 6.941	4 Be 铍 2s² 9.012											5 B 硼 2s²2p¹ 10.81	6 C 碳 2s²2p² 12.01	7 N 氮 2s²2p³ 14.01	8 O 氧 2s²2p⁴ 16.00	9 F 氟 2s²2p⁵ 19.00	10 Ne 氖 2s²2p⁶ 20.18	L K	8 2
3	11 Na 钠 3s¹ 22.99	12 Mg 镁 3s² 24.31											13 Al 铝 3s²3p¹ 26.98	14 Si 硅 3s²3p² 28.09	15 P 磷 3s²3p³ 30.97	16 S 硫 3s²3p⁴ 32.06	17 Cl 氯 3s²3p⁵ 35.45	18 Ar 氩 3s²3p⁶ 39.95	M L K	8 8 2
4	19 K 钾 4s¹ 39.10	20 Ca 钙 4s² 40.08	21 Sc 钪 3d¹4s² 44.96	22 Ti 钛 3d²4s² 47.87	23 V 钒 3d³4s² 50.94	24 Cr 铬 3d⁵4s¹ 52.00	25 Mn 锰 3d⁵4s² 54.94	26 Fe 铁 3d⁶4s² 55.85	27 Co 钴 3d⁷4s² 58.93	28 Ni 镍 3d⁸4s² 58.69	29 Cu 铜 3d¹⁰4s¹ 63.55	30 Zn 锌 3d¹⁰4s² 65.41	31 Ga 镓 4s²4p¹ 69.72	32 Ge 锗 4s²4p² 72.64	33 As 砷 4s²4p³ 74.92	34 Se 硒 4s²4p⁴ 78.96	35 Br 溴 4s²4p⁵ 79.90	36 Kr 氪 4s²4p⁶ 83.80	N M L K	8 18 8 2
5	37 Rb 铷 5s¹ 85.47	38 Sr 锶 5s² 87.62	39 Y 钇 4d¹5s² 88.91	40 Zr 锆 4d²5s² 91.22	41 Nb 铌 4d⁴5s¹ 92.91	42 Mo 钼 4d⁵5s¹ 95.94	43 Tc 锝 4d⁵5s² [98]	44 Ru 钌 4d⁷5s¹ 101.1	45 Rh 铑 4d⁸5s¹ 102.9	46 Pd 钯 4d¹⁰ 106.4	47 Ag 银 4d¹⁰5s¹ 107.9	48 Cd 镉 4d¹⁰5s² 112.4	49 In 铟 5s²5p¹ 114.8	50 Sn 锡 5s²5p² 118.7	51 Sb 锑 5s²5p³ 121.8	52 Te 碲 5s²5p⁴ 127.6	53 I 碘 5s²5p⁵ 126.9	54 Xe 氙 5s²5p⁶ 131.3	O N M L K	8 18 18 8 2
6	55 Cs 铯 6s¹ 132.9	56 Ba 钡 6s² 137.3	57~71 La~Lu 镧系	72 Hf 铪 5d²6s² 178.5	73 Ta 钽 5d³6s² 180.9	74 W 钨 5d⁴6s² 183.8	75 Re 铼 5d⁵6s² 186.2	76 Os 锇 5d⁶6s² 190.2	77 Ir 铱 5d⁷6s² 192.2	78 Pt 铂 5d⁹6s¹ 195.1	79 Au 金 5d¹⁰6s¹ 197.0	80 Hg 汞 5d¹⁰6s² 200.6	81 Tl 铊 6s²6p¹ 204.4	82 Pb 铅 6s²6p² 207.2	83 Bi 铋 6s²6p³ 209.0	84 Po 钋 6s²6p⁴ [209]	85 At 砹 6s²6p⁵ [210]	86 Rn 氡 6s²6p⁶ [222]	P O N M L K	8 18 32 18 8 2
7	87 Fr 钫 7s¹ [223]	88 Ra 镭 7s² [226]	89~103 Ac~Lr 锕系	104 Rf 𬬻* (6d²7s²) [261]	105 Db 𬭊* (6d³7s²) [262]	106 Sg 𬭳* [266]	107 Bh 𬭛* [264]	108 Hs 𬭶* [277]	109 Mt 鿏* [268]	110 Ds 𫟼* [281]	111 Rg 𬬭* [272]	112 Uub * [285]								

镧系：

镧系	57 La 镧 5d¹6s² 138.9	58 Ce 铈 4f¹5d¹6s² 140.1	59 Pr 镨 4f³6s² 140.9	60 Nd 钕 4f⁴6s² 144.2	61 Pm 钷 4f⁵6s² [145]	62 Sm 钐 4f⁶6s² 150.4	63 Eu 铕 4f⁷6s² 152.0	64 Gd 钆 4f⁷5d¹6s² 157.3	65 Tb 铽 4f⁹6s² 158.9	66 Dy 镝 4f¹⁰6s² 162.5	67 Ho 钬 4f¹¹6s² 164.9	68 Er 铒 4f¹²6s² 167.3	69 Tm 铥 4f¹³6s² 168.9	70 Yb 镱 4f¹⁴6s² 173.0	71 Lu 镥 4f¹⁴5d¹6s² 175.0

锕系：

锕系	89 Ac 锕 6d¹7s² [227]	90 Th 钍 6d²7s² 232.0	91 Pa 镤 5f²6d¹7s² 231.0	92 U 铀 5f³6d¹7s² 238.0	93 Np 镎 5f⁴6d¹7s² [237]	94 Pu 钚 5f⁶7s² [244]	95 Am 镅 5f⁷7s² [243]	96 Cm 锔* 5f⁷6d¹7s² [247]	97 Bk 锫* 5f⁹7s² [247]	98 Cf 锎* 5f¹⁰7s² [251]	99 Es 锿* 5f¹¹7s² [252]	100 Fm 镄* 5f¹²7s² [257]	101 Md 钔* 5f¹³7s² [258]	102 No 锘* 5f¹⁴7s² [259]	103 Lr 铹* (5f¹⁴6d¹7s²) [262]

注：相对原子质量录自2001年国际原子量表，并全部取4位有效数字。

人民教育出版社化学室

附录 B 常用计量单位及换算

量的名称	量的符号	单位名称	单位符号	备注
长度	l，(L)	米 海里* [市]尺** 费密** 埃**	m nmile Å	SI 基本单位 1 nmile = 1852 m 1[市]尺 = 1/3 m 1 费密 = 10^{-15} m 1 Å = 10^{-10} m
面积	A，(S)	平方米 靶恩**	m^2 b	SI 导出单位 1 b = 10^{-28} m^2
体积	V	立方米 升*	m^3 L，(l)	SI 导出单位 1 L = 1 dm^3 = 10^{-3} m^3
平面角	α，β，γ， θ，φ等	弧度 [角]秒* [角]分* 度*	rad (″) (′) (°)	SI 辅助单位 1″ = (π/64 8000)rad 1′ = (π/10 800)rad 1° = (π/180)rad
质量 重量	m	千克（公斤） 吨* 原子质量单位* （米制）克拉** [市]斤*	kg t u 	SI 基本单位 1 t = 10^3 kg 1 u ≈ 1.66×10^{-27} kg 1 克拉 = 2×10^{-4} kg 1[市]斤 = 0.5 kg
物质的量	n	摩[尔]	mol	SI 基本单位
密度	ρ	千克每立方米	kg/m^3	SI 导出单位
热力学温度	T	开[尔文]	K	SI 基本单位
摄氏温度	t，θ	摄氏度	°C	SI 导出单位
时间	t	秒 分* [小]时* 天，(日)*	s min h d	SI 基本单位 1 min = 60 s 1 h = 3600 s 1 d = 86 400 s
频率	f，(ν)	赫[兹]	Hz	SI 导出单位
压力 压强 应力	p	帕[斯卡] 巴** 标准大气压** 毫米汞柱** 千克力每平方厘米** 工程大气压** 毫米水柱**	Pa bar atm mmHg kgf/cm^2 at mmH_2O	SI 导出单位 1 bar = 10^5 Pa 1 atm = 101 325 Pa 1 mmHg = 133.322 Pa 1 kgf/cm^2 = 9.806 65×10^4 Pa 1 at = 9.806 65×10^4 Pa 1 mm H_2O = 9.806 375 Pa
电流	I	安[培]	A	SI 基本单位
电荷量	Q	库[仑]	C	SI 导出单位
电位 电压 电动势	V，φ U E	伏[特]	V	SI 导出单位

量的名称	量的符号	单位名称	单位符号	备注
电容	C	法[拉]	F	SI 导出单位
电阻	R	欧[姆]	Ω	SI 导出单位
功 热	E, (W) Q	千瓦小时* 卡[路里]** 尔格** 千克力米**	kW·h cal erg kgf·m	$1 \text{ kW·h} = 3.6 \times 10^6 \text{ J}$ $1 \text{ cal} = 4.1868 \text{ J}$ （卡指国际蒸气表卡） $1 \text{ erg} = 10^{-7} \text{ J}$ $1 \text{ kgf·m} = 9.80665 \text{ J}$

注：① 本表选自 1984.2.27 国务院"关于在我国统一实行法定计量单位的命令"。表中量的名称是国家标准 GB3102 规定的。

② *为我国选定的非国际单位制的单位；**为已习惯使用应废除的单位，其余为 SI 单位。

③ 量的符号一律为斜体，单位符号一律为正体。

附录 C 有机化学实验中常用的几类常数

C1 常用有机溶剂在水中的溶解度

溶剂名称	温度/°C	在水中溶解度	溶剂名称	温度/°C	在水中溶解度
庚烷	15.5	0.005%	硝基苯	15	0.18%
二甲苯	20	0.011%	氯仿	20	0.81%
正己烷	15.5	0.014%	二氯乙烷	15	0.86%
甲苯	10	0.048%	正戊醇	20	2.6%
氯苯	30	0.049%	异戊醇	18	2.75%
四氯化碳	15	0.077%	正丁醇	20	7.81%
二硫化碳	15	0.12%	乙醚	15	7.83%
醋酸戊酯	20	0.17%	醋酸乙酯	15	8.30%
醋酸异戊酯	20	0.17%	异丁醇	20	8.50%
苯	20	0.175%			

C2 常用元素相对原子质量表

名称	符号	相对原子质量	名称	符号	相对原子质量
银	Ag	107.87	镁	Mg	24.305
铝	Al	26.98	锰	Mn	54.938
溴	Br	79.904	氮	N	14.007
碳	C	12.01	钠	Na	22.990
钙	Ca	40.078	镍	Ni	58.69
氯	Cl	35.45	氧	O	15.999
铬	Cr	51.996	磷	P	30.974
铜	Cu	63.546	铅	Pb	207.19
氟	F	18.998	钯	Pd	106.42
铁	Fe	55.845	铂	Pt	195.078
氢	H	1.008	硫	S	32.066
汞	Hg	200.59	硅	Si	28.0855
碘	I	126.904	锡	Sn	118.710
钾	K	39.098	锌	Zn	65.39

C3 常用有机溶剂的物理常数

溶　　剂	熔点/°C	沸点/°C	密度/g·cm⁻³	折光率/n_D^{20}	介电常数（ε）	摩尔折光率（R_D）	偶极矩（D）
乙醇	−114	78.5	0.7893	1.3611	24.6	12.8	1.69
乙醚	−117	34.51	0.7138	1.3526	4.33	22.1	1.30
乙酸	17	118	1.0492	1.3716	6.2	12.9	1.68
N,N-二甲基甲酰胺	−60	152	0.9487	1.4305	36.7	19.9	3.86
二甲基亚砜	18.5	189	1.0954	1.4783	46.7	20.1	3.90
三乙胺	−115	90	0.726	1.4010	2.42	33.1	0.87
丙酮	−95	56.2	0.7899	1.3588	20.7	16.2	2.85
四氯化碳	−23	76.54	1.5940	1.4610	2.24	25.8	0.00
四氢呋喃	−109	67	0.8892	1.4050	7.58	19.9	1.75
甲醇	−98	64.96	0.7914	1.3284	32.7	8.2	1.70
甲苯	−95	110.6	0.8669	1.4969	2.38	31.1	0.43
异丙醇	−90	82	0.786	1.3772	17.9	17.5	1.66
环己烷	6.5	81	0.778	1.4262	2.02	27.7	0.00
苯	5	80.1	0.8787	1.5011	2.27	26.2	0.00
硝基苯	6	210.8	1.2037	1.5562	34.82	32.7	4.02
硝基甲烷	−28	101	1.137	1.3817	35.87	12.5	3.54
吡啶	−42	115.5	0.9819	1.5095	12.4	24.1	2.37
氯仿	−64	61.7	1.4832	1.4455	4.81	21	1.15

C4 水的蒸气压

气温/°C	p/mmHg	气温/°C	p/mmHg	气温/°C	p/mmHg	气温/°C	p/mmHg
0	4.579	15	12.788	30	31.824	85	433.6
1	4.926	16	13.634	31	33.695	90	525.76
2	5.294	17	14.530	32	35.663	91	546.05
3	5.685	18	15.477	33	37.729	92	566.99
4	6.101	19	16.477	34	39.898	93	588.60
5	6.543	20	17.535	35	42.175	94	610.90
6	7.013	21	18.650	40	55.324	95	633.90
7	7.513	22	19.827	45	71.88	96	657.62
8	8.045	23	21.068	50	92.51	97	682.07
9	8.609	24	22.377	55	118.04	98	707.27
10	9.209	25	23.756	60	149.38	99	733.24
11	9.844	26	25.209	65	187.54	100	760.00
12	10.518	27	26.739	70	233.7		
13	11.231	28	28.349	75	289.1		
14	11.987	29	30.043	80	355.1		

附录 D　部分共沸混合物的性质

D1　与水形成的二元共沸物

溶　剂	沸点/℃	共沸点/℃	含水量/%	溶　剂	沸点/℃	共沸点/℃	含水量/%
氯仿	61.7	56.1	2.8	甲苯	110.5	84.1	19.6
四氯化碳	76.5	66.0	4.0	正丙醇	97.2	87.7	28.8
苯	80.1	69.2	8.8	异丁醇	108.4	89.9	33.2
丙烯腈	78.0	70.0	13.0	二甲苯	137	92.0	37.5
二氯乙烷	83.7	72.0	19.5	正丁醇	117.8	92.4	37.5
乙腈	81.6	76.0	16.0	吡啶	115.5	94.0	42
乙醇	78.5	78.1	4.4	异戊醇	131.0	95.1	49.6
乙酸乙酯	77.1	70.4	8.2	正戊醇	138.3	95.4	44.7
异丙醇	82.4	80.4	12.1	氯乙醇	129.0	97.8	59.0
乙醚	34.6	34	1.0	二硫化碳	46	44	2.0
甲酸	100.8	107	22.5	苯甲酸乙酯	212	99.4	84

D2　常见有机溶剂的共沸混合物

共沸混合物	组分的沸点/℃	共沸物的组成（质量比）/%	共沸物的沸点/℃
乙醇-乙酸乙酯	78.5，77.1	30∶70	72.0
乙醇-苯	78.5，80.1	32∶68	68.2
乙醇-氯仿	78.5，61.7	7∶93	59.4
乙醇-四氯化碳	78.5，76.5	16∶84	64.9
乙酸乙酯-四氯化碳	78.0，76.5	43∶57	74.8
甲醇-四氯化碳	64.7，76.5	21∶79	55.7
甲醇-苯	64.7，80.1	39∶61	58.3
氯仿-丙酮	61.7，56.2	80∶20	65.5
甲苯-乙酸	101.5，118	72∶28	105.4
乙醇-苯-水	78.5，80.1，100	19∶74∶7	64.9

附录 E 常用酸碱溶液相对密度及组成

E1 硫 酸

硫酸质量分数/%	相对密度(d_4^{20})	100 mL 水溶液中含硫酸的质量/g	硫酸质量分数/%	相对密度(d_4^{20})	100 mL 水溶液中含硫酸的质量/g
1	1.0051	1.005	65	1.5533	101.0
2	1.0118	2.024	70	1.6105	112.7
3	1.0184	3.055	75	1.6692	125.2
4	1.0250	4.100	80	1.7272	138.2
5	1.0317	5.159	85	1.7786	151.2
10	1.0661	10.66	90	1.8144	163.3
15	1.1020	16.53	91	1.8195	165.6
20	1.1394	22.79	92	1.8240	167.8
25	1.1783	29.46	93	1.8279	170.2
30	1.2185	36.56	94	1.8312	172.1
35	1.2599	44.10	95	1.8337	174.2
40	1.3028	52.11	96	1.8355	176.2
45	1.3476	60.64	97	1.8364	178.1
50	1.3951	69.76	98	1.8361	179.9
55	1.4453	79.49	99	1.8342	181.6
60	1.4983	89.90	100	1.8305	183.1

E2 盐 酸

盐酸质量分数/%	相对密度(d_4^{20})	100 mL 水溶液中含氯化氢的质量/g	盐酸质量分数/%	相对密度(d_4^{20})	100 mL 水溶液中含氯化氢的质量/g
1	1.0032	1.003	22	1.1083	24.38
2	1.0082	2.006	24	1.1187	26.85
4	1.0181	4.007	26	1.1290	29.35
6	1.0279	6.167	28	1.1392	31.90
8	1.0376	8.301	30	1.1492	34.48
10	1.0474	10.47	32	1.1593	37.10
12	1.0574	12.69	34	1.1691	39.75
14	1.0675	14.95	36	1.1789	42.44
16	1.0776	17.24	38	1.1885	45.16
18	1.0878	19.58	40	1.1980	47.92

E3 硝　酸

硝酸质量分数/%	相对密度（d_4^{20}）	100 mL 水溶液中含硝酸的质量/g	硝酸质量分数/%	相对密度（d_4^{20}）	100 mL 水溶液中含硝酸的质量/g
1	1.0036	1.004	65	1.3913	90.43
2	1.0091	2.018	70	1.4134	98.94
3	1.0146	3.044	75	1.4337	107.5
4	1.0201	4.080	80	1.4521	116.2
5	1.0256	5.128	85	1.4686	124.8
10	1.0543	10.54	90	1.4826	133.4
15	1.0842	16.26	91	1.4850	135.1
20	1.1150	22.30	92	1.4873	136.8
25	1.1469	28.67	93	1.4892	138.5
30	1.1800	35.40	94	1.4912	140.2
35	1.2140	42.49	95	1.4932	141.9
40	1.2463	49.85	96	1.4952	143.5
45	1.2783	57.52	97	1.4974	145.2
50	1.3100	65.50	98	1.5008	147.1
55	1.3393	73.66	99	1.5056	149.1
60	1.3667	82.00	100	1.5129	151.3

E4 醋　酸

醋酸质量分数/%	相对密度（d_4^{20}）	100 mL 水溶液中含醋酸的质量/g	醋酸质量分数/%	相对密度（d_4^{20}）	100 mL 水溶液中含醋酸的质量/g
1	0.9996	0.9996	65	1.0666	69.33
2	1.0012	2.002	70	1.0685	74.80
3	1.0025	3.008	75	1.0696	80.22
4	1.0040	4.016	80	1.0700	85.60
5	1.0055	5.028	85	1.0689	90.86
10	1.0125	10.13	90	1.0661	95.95
15	1.0195	15.29	91	1.0652	96.93
20	1.0263	20.53	92	1.0643	97.92
25	1.0326	25.82	93	1.0632	98.88
30	1.0384	31.15	94	1.0619	99.82
35	1.0438	36.53	95	1.0650	100.7
40	1.0488	41.95	96	1.0588	101.6
45	1.0534	47.40	97	1.0570	102.5
50	1.0575	52.88	98	1.0549	103.4
55	1.0611	58.36	99	1.0524	104.2
60	1.0642	63.85	100	1.0498	105.0

E5 氢氧化钠

氢氧化钠质量分数/%	相对密度（d_4^{20}）	100 mL 水溶液中含氢氧化钠的质量/g	氢氧化钠质量分数/%	相对密度（d_4^{20}）	100 mL 水溶液中含氢氧化钠的质量/g
1	1.0095	1.010	26	1.2848	33.40
2	1.0207	2.041	28	1.3064	36.58
4	1.0428	4.171	30	1.3279	39.84
6	1.0648	6.389	32	1.3490	43.17
8	1.0869	8.695	34	1.3696	46.57
10	1.1089	8.695	36	1.3900	50.04
12	1.1309	13.57	38	1.4101	53.58
14	1.1530	16.14	40	1.4300	57.20
16	1.1751	18.80	42	1.4494	60.87
18	1.1972	21.55	44	1.4685	64.61
20	1.2191	24.38	46	1.4873	68.42
22	1.2411	27.30	48	1.5065	72.13
24	1.2629	30.31	50	1.5253	76.27

E6 碳酸钠

碳酸钠质量分数/%	相对密度（d_4^{20}）	100 mL 水溶液中含碳酸钠的质量/g	碳酸钠质量分数/%	相对密度（d_4^{20}）	100 mL 水溶液中含碳酸钠的质量/g
1	1.0086	1.009	12	1.1244	13.49
2	1.0190	2.038	14	1.1463	16.05
4	1.0398	4.159	16	1.1682	18.50
6	1.0606	6.364	18	1.1905	21.33
8	1.0816	8.653	20	1.2132	24.26
10	1.1029	11.03			

E7 氨 水

氨水质量分数/%	相对密度（d_4^{20}）	100 mL 水溶液中含氨的质量/g	氨水质量分数/%	相对密度（d_4^{20}）	100 mL 水溶液中含氨的质量/g
1	0.9939	0.994	16	0.9362	14.98
2	0.9895	1.997	18	0.9295	16.73
4	0.9811	3.924	20	0.9229	18.46
6	0.9730	5.838	22	0.9164	20.16
8	0.9651	7.721	24	0.9101	21.84
10	0.9575	9.575	26	0.9040	23.50
12	0.9501	11.40	28	0.8980	25.14
14	0.9430	13.20	30	0.8920	26.76

E8 常用酸碱相对密度和各种浓度对照

溶 液	相对密度（d_4^{20}）/g·cm^{-3}	质量分数/%	c/mol·L^{-1}	ρ/(g/100 mL)
浓盐酸	1.19	37	12.0	44
10%盐酸（100 mL 浓盐酸 + 321 mL 水）	1.05	10	2.9	10.5
5%盐酸（50 mL 浓盐酸 + 380.5 mL 水）	1.03	5	1.4	5.2
恒沸点氢溴酸（沸点 126 ℃）	1.49	47.5	8.8	70.7
恒沸点氢溴酸（沸点 127 ℃）	1.7	57	7.6	97
浓硫酸	1.84	96	18	177
10%硫酸（25 mL 浓硫酸 + 398 mL 水）	1.07	10	1.1	10.7
浓硝酸	1.42	71	16	101
10%氢氧化钠	1.11	10	2.8	11.1
浓氨水	0.9	28.4	15	25.9

附录 F 有机化学中常用试剂及其配制

F1 常用 pH 缓冲溶液的配制及其 pH

序号	溶液名称	配制方法	pH
1	氯化钾-盐酸	13.0 mL 0.2 mol/L HCl 与 25.0 mL 0.2 mol/L KCl 混合均匀后，加水稀释至 100 mL	1.7
2	氨基乙酸-盐酸	在 500 mL 水中溶解氨基乙酸 150 g，加 480 mL 浓盐酸，再加水稀释至 1 L	2.3
3	一氯乙酸-氢氧化钠	在 200 mL 水中溶解 2 g 一氯乙酸后，加 40 g NaOH，溶解完全后再加水稀释至 1 L	2.8
4	邻苯二甲酸氢钾-盐酸	把 25.0 mL 0.2 mol/L 的邻苯二甲酸氢钾溶液与 6.0 mL 0.1 mol/L HCl 混合均匀，加水稀释至 100 mL	3.6
5	邻苯二甲酸氢钾-氢氧化钠	把 25.0 mL 0.2 mol/L 的邻苯二甲酸氢钾溶液与 17.5 mL 0.1 mol/L NaOH 混合均匀，加水稀释至 100 mL	4.8
6	六亚甲基四胺-盐酸	在 200 mL 水中溶解六亚甲基四胺 40 g，加浓 HCl 10 mL，再加水稀释至 1 L	5.4
7	磷酸二氢钾-氢氧化钠	把 25.0 mL 0.2 mol/L 的磷酸二氢钾与 23.6 mL 0.1 mol/L NaOH 混合均匀，加水稀释至 100 mL	6.8
8	硼酸-氯化钾-氢氧化钠	把 25.0 mL 0.2 mol/L 的硼酸-氯化钾与 4.0 mL 0.1 mol/L NaOH 混合均匀，加水稀释至 100 mL	8.0
9	氯化铵-氨水	把 0.1 mol/L 氯化铵与 0.1 mol/L 氨水以 2∶1 比例混合均匀	9.1
10	硼酸-氯化钾-氢氧化钠	把 25.0 mL 0.2 mol/L 的硼酸-氯化钾与 43.9 mL 0.1 mol/L NaOH 混合均匀，加水稀释至 100 mL	10.0
11	氨基乙酸-氯化钠-氢氧化钠	把 49.0 mL 0.1 mol/L 氨基乙酸-氯化钠与 51.0 mL 0.1 mol/L NaOH 混合均匀	11.6
12	磷酸氢二钠-氢氧化钠	把 50.0 mL 0.05 mol/L Na$_2$HPO$_4$ 与 26.9 mL 0.1 mol/L NaOH 混合均匀，加水稀释至 100 mL	12.0
13	氯化钾-氢氧化钠	把 25.0 mL 0.2 mol/L KCl 与 66.0 mL 0.2 mol/L NaOH 混合均匀，加水稀释至 100 mL	13.0

F2 常用酸碱指示剂

名 称	变色（pH）范围	颜色变化	配置方法
0.1%百里酚蓝	1.2～2.8	红～黄 （第一次变色）	0.1 g 百里酚蓝溶于 20 mL 乙醇中，加水至 100 mL
0.1%甲基橙	3.1～4.4	红～黄	0.1 g 甲基橙溶于 100 mL 热水中
0.1%溴酚蓝	3.0～1.6	黄～紫蓝	0.1 g 溴酚蓝溶于 20 mL 乙醇中，加水至 100 mL
0.1%溴甲酚绿	4.0～5.4	黄～蓝	0.1 g 溴甲酚绿溶于 20 mL 乙醇中，加水至 100 mL
0.1%甲基红	4.8～6.2	红～黄	0.1 g 甲基红溶于 60 mL 乙醇中，加水至 100 mL
0.1%溴百里酚蓝	6.0～7.6	黄～蓝	0.1 g 溴百里酚蓝溶于 20 mL 乙醇中，加水至 100 mL
0.1%中性红	6.8～8.0	红～黄橙	0.1 g 中性红溶于 60 mL 乙醇中，加水至 100 mL
0.2%酚酞	8.0～9.6	无～红	0.2 g 酚酞溶于 90 mL 乙醇中，加水至 100 mL
0.1%百里酚蓝	8.0～9.6	黄～蓝 （第二次变色）	0.1 g 百里酚蓝溶于 20 mL 乙醇中，加水至 100 mL
0.1%百里酚酞	9.4～10.6	无～蓝	0.1 g 百里酚酞溶于 90 mL 乙醇中，加水至 100 mL
0.1%茜素黄	10.1～12.1	黄～紫	0.1 g 茜素黄溶于 100 mL 水中

F3 常用低温冰盐浴配方

浴温/°C	盐类及用量/g
−4.0	六水 $CaCl_2$(20)
−9.0	六水 $CaCl_2$(41)
−21.5	六水 $CaCl_2$(81)
−34.1	KNO_3(2) + KCNS(112)
−54.9	六水 $CaCl_2$(143)
−21.3	NaCl(33)
−17.7	$NaNO_3$(50)
−30.0	NH_4Cl(20) + NaCl(40)
−30.6	NH_4NO_3(32) + NH_4CNS(59)
−30.2	NH_4Cl(13) + $NaNO_3$(37.5)
−40.3	六水 $CaCl_2$(124)
−37.4	NH_4CNS(39.5) + $NaNO_3$(54.4)
−40	NH_4NO_3(42) + NaCl(42)

注：① 冰里不要加水，尽量把冰敲碎，盐分层加入效果更好。
　　② 容器最好加上保温材料，能更好地保持温度。
　　③ 用一根胶管不断吸出冰融后的水，但不能吸完。

F4　常用显色剂及其配制方法

1. 碘：不饱和或者芳香族化合物

配制方法：在 100 mL 广口瓶中放入一张滤纸、少许碘粒。或者在瓶中加入 10 g 碘粒、30 g 硅胶

2. 硫酸铈：生物碱

配制方法：10%硫酸铈（Ⅳ）+ 15%硫酸的水溶液

3. 氯化铁：苯酚类化合物

配制方法：1% $FeCl_3$ + 50%乙醇水溶液

4. 桑色素（羟基黄酮）：广谱，有荧光活性

配制方法：0.1%桑色素 + 甲醇

5. 茚三酮：氨基酸

配制方法：1.5 g 茚三酮 + 100 mL 正丁醇 + 3.0 mL 醋酸

6. 二硝基苯肼（DNP）：醛和酮

配制方法：12 g 二硝基苯肼 + 60 mL 浓硫酸 + 80 mL 水 + 200 mL 乙醇

7. 香草醛（香兰素）：广谱

配制方法：15 g 香草醛 + 250 mL 乙醇 + 2.5 mL 浓硫酸

8. 高锰酸钾：含还原性基团化合物，如羟基、氨基、醛

配制方法：1.5 g $KMnO_4$ + 10 g K_2CO_3 + 1.25 mL 10% NaOH + 200 mL 水。使用期 3 个月

9. 溴甲酚绿：羧酸，$pK_a \leqslant 5.0$

配制方法：在 100 mL 乙醇中加入 0.04 g 溴甲酚绿，缓慢滴加 0.1 mol/L 的 NaOH 水溶液，刚好出现蓝色即止。

10. 钼酸铈：广谱

配制方法：235 mL 水 + 12 g 钼酸氨 + 0.5 g 硝酸铈氨 + 15 mL 浓硫酸

11. 茴香醛（对甲氧基苯甲醛）1：广谱

配制方法：135 乙醇 + 5 mL 浓硫酸 + 1.5 mL 冰醋酸 + 3.7 mL 茴香醛，剧烈搅拌，使混合均匀

12. 茴香醛（对甲氧基苯甲醛）2：萜烯、桉树脑（cineole）、withanolide、出油柑碱（acronycine）

配制方法：茴香醛-$HClO_4$-丙酮-水（1∶10∶20∶80）

13. 磷钼酸（PMA）：广谱

配制方法：10 g 磷钼酸 + 100 mL 乙醇

F5　常用试剂的配制

1. 酚酞试剂

0.1 g 酚酞溶于 100 mL 95%乙醇中，得到无色的酚酞乙醇溶液，本试剂变色范围在 pH 为 8.2 ~ 10。

2. 2,4-二硝基苯肼溶液

（1）1.2 g 2,4-二硝基苯肼溶于 50 mL 30%高氯酸中，并贮于棕色瓶中。

（2）取 2,4-二硝基苯肼 1 g，加乙醇 1000 mL 使其溶解，再缓慢加入盐酸 10 mL，摇匀，

贮存于棕色瓶中。

3. 0.1%茚三酮乙醇溶液

0.1 g茚三酮溶于124.9 mL 95%乙醇中，用时新配。

4. 硝酸铈铵溶液

100 g硝酸铈铵溶于250 mL 2 mol/L硝酸中，加热使其溶解，放置冷却后使用。

5. Schiff（希弗）试剂

（1）将100 mL新制的饱和二氧化硫溶液冷却后，加入0.2 g对品红盐酸盐，溶解后放置数小时，直至溶液无色或淡黄色，再用蒸馏水稀释至200 mL，贮存于密闭玻璃瓶中。

（2）0.5 g品红盐酸盐溶于100 mL热水中，冷却后通入二氧化硫达到饱和，至粉红色消失，然后加入0.5 g活性炭，振荡过滤，再用蒸馏水稀释至500 mL。

（3）0.2 g对品红盐酸盐溶于100 mL热水中，静置冷却后，加入2 g亚硫酸钠和2 mL浓盐酸，再用蒸馏水稀释至200 mL。

6. Tollen试剂

取20 mL 5%硝酸银溶液于干净的试管内，加入1滴10%氢氧化钠溶液，出现黑色沉淀，然后滴加2%氨水，边滴边摇动，滴加到沉淀刚好溶解为止，得到澄清的溶液。

7. Lucas试剂

34 g无水氯化锌在蒸发皿中强热熔融，稍冷后放在干燥器中冷至室温，取出捣碎，将其溶于23 mL浓盐酸中。配制时须加以搅动，并把容器置于冰水浴中冷却，以防氯化氢逸出。冷却后贮存于密闭的玻璃瓶中。此试剂一般是临用时配制。

8. 碘溶液

（1）20 g碘化钾溶于100 mL蒸馏水中，然后加入10 g研细的碘粉，搅动至其全溶，得到深红色溶液。

（2）1 g碘化钾溶于100 mL蒸馏水中，然后加入0.5 g碘，加热溶解即得红色清亮溶液。

（3）将2.6 g碘溶于50 mL 95%乙醇中，另把3 g氯化汞溶于50 mL 95%乙醇中，两者混合后过滤，得澄清液。

9. 溴甲酚绿显色剂

0.04 g溴甲酚绿溶于100 mL乙醇中，缓慢滴加0.1 mol/L NaOH水溶液至出现蓝色为止。

10. 饱和溴水

15 g溴化钾溶于100 mL水中，再缓慢加入10 g溴，振荡混匀即可。

11. 饱和亚硫酸氢钠溶液

在100 mL 40%亚硫酸钠溶液中，加入25 mL不含醛的无水乙醇。混合后，如有少量的亚硫酸钠结晶析出，必须过滤除去结晶，得到澄清溶液。此溶液不稳定，容易被氧化或分解不能长期保存，需在实验前进行配制。

12. 氯化亚铜氨溶液

取1 g氯化亚铜放入一洁净的大试管中，往试管里加1~2 mL浓氨水和,10 mL水，用力振荡试管后，静置片刻，再倾出溶液，并在溶液中投入1块铜片（或一根铜丝），贮存备用。

13. 硝酸银乙醇溶液

称取硝酸银4 g，加入10 mL水溶解后，再加入100 mL乙醇稀释，置于棕色瓶中贮存。

附录 G 有机化学中常用溶剂的性质

G1 常用溶剂混溶性表

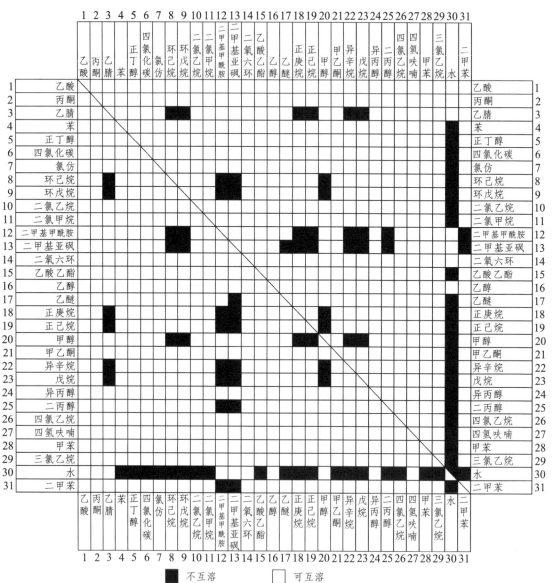

■ 不互溶   □ 可互溶

G2 常用溶剂极性

溶 剂	极性	黏度（20 ℃）	沸点/℃	紫外吸收/nm
i-Pentane　异戊烷	0.00	—	30	—
n-Pentane　正戊烷	0.00	0.23	36	210
Petroleum ether　石油醚	0.01	0.30	30-60	210
Hexane　己烷	0.06	0.33	69	210
Cyclohexane　环己烷	0.10	1.00	81	210
Isooctane　异辛烷	0.10	0.53	99	210
Trifluoroacetic acid　三氟乙酸	0.10	—	72	—
Trimethylpentane　三甲基戊烷	0.10	0.47	99	215
Cyclopentane　环戊烷	0.20	0.47	49	210
n-Heptane　庚烷	0.20	0.41	98	200
Butyl chloride　丁基氯，丁酰氯	1.00	0.46	78	220
Trichloroethylene　三氯乙烯，乙炔化三氯	1.00	0.57	87	273
Carbon tetrachloride　四氯化碳	1.60	0.97	77	265
Trichlorotrifluoroethane　三氯三氟代乙烷	1.90	0.71	48	231
i-Propyl ether　丙基醚，丙醚	2.40	0.37	68	220
Toluene　甲苯	2.40	0.59	111	285
p-Xylene　对二甲苯	2.50	0.65	138	290
Chlorobenzene　氯苯	2.70	0.80	132	—
o-Dichlorobenzene　邻二氯苯	2.70	1.33	180	295
Ethyl ether　二乙醚，醚	2.90	0.23	35	220
Benzene　苯	3.00	0.65	80	280
Isobutyl alcohol　异丁醇	3.00	4.70	108	220
Methylene chloride　二氯甲烷	3.40	0.44	40	245
Ethylene dichloride　二氯化乙烯	3.50	0.79	84	228
n-Butanol　丁醇	3.90	2.95	117	210
n-Butyl acetate　醋酸丁酯，乙酸丁酯	4.00	—	126	254
n-Propanol　丙醇	4.00	2.27	98	210
Methyl isobutyl ketone　甲基异丁基酮	4.20	—	119	330
Tetrahydrofuran　四氢呋喃	4.20	0.55	66	220
Ethanol　乙醇	4.30	1.20	79	210
Ethyl acetate　乙酸乙酯	4.30	0.45	77	260
i-Propanol　异丙醇	4.30	2.37	82	210

溶　剂	极性	黏度（20 ℃）	沸点/℃	紫外吸收/nm
Chloroform　氯仿	4.40	0.57	61	245
Methyl ethyl ketone　甲基乙基酮	4.50	0.43	80	330
Dioxane　二恶烷，二氧六环，二氧杂环己烷	4.80	1.54	102	220
Pyridine　吡啶	5.30	0.97	115	305
Acetone　丙酮	5.40	0.32	57	330
Nitromethane　硝基甲烷	6.00	0.67	101	380
Acetic acid　乙酸	6.20	1.28	118	230
Acetonitrile　乙腈	6.20	0.37	82	210
Aniline　苯胺	6.30	4.40	184	—
Dimethyl formamide　二甲基甲酰胺(DMF)	6.40	0.92	153	270
Methanol　甲醇	6.60	0.60	65	210
Ethylene glycol　乙二醇	6.90	19.90	197	210
Dimethyl sulfoxide　二甲基亚砜(DMSO)	7.20	2.24	189	268
水	10.20	1.00	100	268

常用溶剂的极性顺序：水（最大）>甲酰胺>乙腈>甲醇>乙醇>丙醇>丙酮>二氧六环>四氢呋喃>甲乙酮>正丁醇>乙酸乙酯>乙醚>异丙醚>二氯甲烷>氯仿>溴乙烷>苯>四氯化碳>二硫化碳>环己烷>己烷>庚烷>煤油（最小）

G3　常用溶剂的沸点、溶解性和毒性

名　称	沸点/℃ (101.3 kPa)	溶解性	毒　性
液氨	−33.35	特殊溶解性：能溶解碱金属和碱土金属	剧毒性、腐蚀性
液态二氧化硫	−10.08	溶解胺、醚、醇、苯酚、有机酸、芳香烃、溴、二硫化碳，多数饱和烃不溶	剧毒
甲胺	−6.3	是多数有机物和无机物的优良溶剂，液态甲胺与水、醚、苯、丙酮、低级醇混溶，其盐酸盐易溶于水，不溶于醇、醚、酮、氯仿、乙酸乙酯	中等毒性，易燃
二甲胺	7.4	是有机物和无机物的优良溶剂，溶于水、低级醇、醚、低极性溶剂	强烈刺激性与低级烷相似
石油醚	40～80	不溶于水，与丙酮、乙醚、乙酸乙酯、苯、氯仿及甲醇以上高级醇混溶	强烈刺激性与低级烷相似
乙醚	34.6	微溶于水，易溶于盐酸，与醇、醚、石油醚、苯、氯仿等多数有机溶剂混溶	麻醉性
戊烷	36.1	与乙醇、乙醚等多数有机溶剂混溶　低毒性	低毒，麻醉性强
二氯甲烷	39.75	与醇、醚、氯仿、苯、二硫化碳等有机溶剂混溶	低毒，麻醉性强

名　称	沸点/℃ (101.3 kPa)	溶解性	毒　性
二硫化碳	46.23	微溶与水，与多种有机溶剂混溶	麻醉性，强刺激性溶剂
石油脑		与乙醇、丙酮、戊醇混溶，比其他石油系溶剂大	
丙酮	56.12	与水、醇、醚、烃混溶	低毒，类乙醇，但较大
1,1-二氯乙烷	57.28	与醇、醚等大多数有机溶剂混溶	低毒、局部刺激性
氯仿	61.15	与乙醇、乙醚、石油醚、卤代烃、四氯化碳、二硫化碳等混溶	中等毒性，强麻醉性
甲醇	64.5	与水、乙醚、醇、酯、卤代烃、苯、酮混溶	中等毒性，麻醉性
四氢呋喃	66	优良溶剂，与水混溶，很好地溶解乙醇、乙醚、脂肪烃、芳香烃、氯化烃	吸入微毒，经口低毒
己烷	68.7	甲醇部分溶解，与比乙醇高的醇、醚、丙酮、氯仿混溶	低毒，麻醉性、刺激性
三氟代乙酸	71.78	与水，乙醇，乙醚，丙酮，苯，四氯化碳，己烷混溶，溶解多种脂肪族，芳香族化合物	
1,1,1-三氯乙烷	74.0	与丙酮、甲醇、乙醚、苯、四氯化碳等有机溶剂混溶	低毒性
四氯化碳	76.75	与醇、醚、石油醚、石油脑、冰醋酸、二硫化碳、氯代烃混溶	氯代甲烷中毒性最强的
乙酸乙酯	77.112	与醇、醚、氯仿、丙酮、苯等大多数有机溶剂混溶，能溶解某些金属盐	低毒，麻醉性
乙醇	78.3	与水、乙醚、氯仿、酯、烃类衍生物等有机溶剂混溶	微毒类，麻醉性
丁酮	79.64	与丙酮相似，与醇、醚、苯等大多数有机溶剂混溶	低毒，毒性强于丙酮
苯	80.10	难溶于水，与甘油、乙二醇、乙醇、氯仿、乙醚、四氯化碳、二硫化碳、丙酮、甲苯、二甲苯、冰醋酸、脂肪烃等大多有机物混溶	强烈毒性
环己烷	80.72	与乙醇、高级醇、醚、丙酮、烃、氯代烃、高级脂肪酸、胺类混溶	低毒，中枢抑制作用
乙腈	81.60	与水、甲醇、乙酸甲酯、乙酸乙酯、丙酮、醚、氯仿、四氯化碳、氯乙烯及各种不饱和烃混溶，但是不与饱和烃混溶	中等毒性，大量吸入蒸气，引起急性中毒
异丙醇	82.40	与乙醇、乙醚、氯仿、水混溶	微毒，类似乙醇
1,2-二氯乙烷	83.48	与乙醇、乙醚、氯仿、四氯化碳等多种有机溶剂混溶	高毒性、致癌
乙二醇二甲醚	85.2	溶于水，与醇、醚、酮、酯、烃、氯代烃等多种有机溶剂混溶。能溶解各种树脂，还是二氧化硫、氯代甲烷、乙烯等气体的优良溶剂	吸入和经口低毒

名 称	沸点/℃ (101.3 kPa)	溶解性	毒 性
三氯乙烯	87.19	不溶于水，与乙醇、乙醚、丙酮、苯、乙酸乙酯、脂肪族氯代烃、汽油混溶	有机有毒品
三乙胺	89.6	在 18.7 ℃ 以下时，可与水混溶，在此温度以上微溶于水。易溶于氯仿、丙酮，溶于乙醇、乙醚	易爆对皮肤黏膜刺激性强
丙腈	97.35	溶解醇、醚、DMF、乙二胺等有机物，与多种金属盐形成加成有机物	高毒性，与氢氰酸相似
庚烷	98.4	与己烷类似	低毒，刺激性、麻醉性
水	100	略	略
硝基甲烷	101.2	与醇、醚、四氯化碳、DMF 等混溶	麻醉性，刺激性
1,4-二氧六环	101.32	能与水及多数有机溶剂混溶，溶解能力很强	微毒，强于乙醚 2～3 倍
甲苯	110.63	不溶于水，与甲醇、乙醇、氯仿、丙酮、乙醚、冰醋酸、苯等有机溶剂混溶	低毒类，麻醉作用
硝基乙烷	114.0	与醇、醚、氯仿混溶。溶解多种树脂和纤维素衍生物	局部刺激性较强
吡啶	115.3	与水、醇、醚、石油醚、苯、油类混溶。能溶多种有机物和无机物	低毒，对皮肤黏膜有刺激性
4-甲基-2-戊酮	115.9	能与乙醇、乙醚、苯等大多数有机溶剂和动植物油混溶	毒性和局部刺激性较强
乙二胺	117.26	溶于水、乙醇、苯和乙醚，微溶于庚烷	刺激皮肤、眼睛
丁醇	117.7	与醇、醚、苯混溶	低毒，大于乙醇 3 倍
乙酸	118.1	与水、乙醇、乙醚、四氯化碳混溶，不溶于二硫化碳及 C_{12} 以上高级脂肪烃	低毒，浓溶液毒性强
乙二醇-甲醚	124.6	与水、醛、醚、苯、乙二醇、丙酮、四氯化碳、DMF 等混溶	低毒类
辛烷	125.67	几乎不溶于水，微溶于乙醇，与醚、丙酮、石油醚、苯、氯仿、汽油混溶	低毒性、麻醉性
乙酸丁酯	126.11	优良有机溶剂，广泛应用于医药行业，还可以用作萃取剂	一般条件毒性不大
吗啉	128.94	溶解能力强，超过二氧六环、苯和吡啶，与水混溶，溶解丙酮、苯、乙醚、甲醇、乙醇、乙二醇、2-己酮、蓖麻油、松节油、松脂等	腐蚀皮肤，刺激眼和结膜，蒸气引起肝肾病变
氯苯	131.69	能与醇、醚、脂肪烃、芳香烃和有机氯化物等多种有机溶剂混溶	低于苯，损害中枢系统
乙二醇-乙醚	135.6	与乙二醇-甲醚相似，但是极性小，与水、醇、醚、四氯化碳、丙酮混溶	低毒类，二级易燃液体
对二甲苯	138.35	不溶于水，与醇、醚和其他有机溶剂混溶	一级易燃液体
二甲苯	138.5～141.5	不溶于水，与乙醇、乙醚、苯、烃等有机溶剂混溶，乙二醇、甲醇、2-氯乙醇等极性溶剂部分溶解	一级易燃液体，低毒类

名　　称	沸点/℃ (101.3 kPa)	溶解性	毒　性
间二甲苯	139.10	不溶于水，与醇、醚、氯仿混溶。室温下溶解乙腈、DMF等	一级易燃液体
邻二甲苯	144.41		
醋酸酐	140.0	不溶于水，与乙醇、乙醚、氯仿等混溶	一级易燃液体
N, N-二甲基甲酰胺	153.0	与水、醇、醚、酮、不饱和烃、芳香烃等混溶，溶解能力强	低毒
环己酮	155.65	与甲醇、乙醇、苯、丙酮、己烷、乙醚、硝基苯、石油脑、二甲苯、乙二醇、乙酸异戊酯、二乙胺及其他多种有机溶剂混溶	低毒类，有麻醉性，中毒几率比较小
环己醇	161	与醇、醚、二硫化碳、丙酮、氯仿、苯、脂肪烃、芳香烃、卤代烃混溶	低毒刺激性、无血液毒性
N, N-二甲基乙酰胺	166.1	溶解不饱和脂肪烃，与水、醚、酯、酮、芳香族化合物混溶	微毒类
糠醛	161.8	与醇、醚、氯仿、丙酮、苯等混溶，部分溶解低沸点脂肪烃，无机物一般不溶	有毒品，刺激眼睛，催泪
N-甲基甲酰胺	180~185	与苯混溶，溶于水和醇，不溶于醚	一级易燃液体
苯酚（石炭酸）	181.2	溶于乙醇、乙醚、乙酸、甘油、氯仿、二硫化碳和苯等，难溶于烃类溶剂，65.3 ℃以上与水混溶，65.3 ℃以下分层	高毒类，对皮肤、黏膜有强烈腐蚀性，可经皮肤吸收中毒
1, 2-丙二醇	187.3	与水、乙醇、乙醚、氯仿、丙酮等多种有机溶剂混溶	低毒，吸湿，不宜静注
二甲亚砜	189.0	与水、甲醇、乙醇、乙二醇、甘油、乙醛、丙酮、乙酸乙酯、吡啶、芳烃混溶	微毒，对眼有刺激性
邻甲酚	190.95	微溶于水，能与乙醇、乙醚、苯、氯仿、乙二醇、甘油等混溶	参照甲酚
N, N-二甲基苯胺	193	微溶于水，能随水蒸气挥发，与醇、醚、氯仿、苯等混溶，能溶解多种有机物	抑制中枢和循环系统，经皮肤吸收中毒
乙二醇	197.85	与水、乙醇、丙酮、乙酸、甘油、吡啶混溶，与氯仿、乙醚、苯、二硫化碳等难溶，对烃类、卤代烃不溶，溶解食盐、氯化锌等无机物	低毒类，可经皮肤吸收中毒
对甲酚	201.88	参照甲酚	参照甲酚
N-甲基吡咯烷酮	202	与水混溶，除低级脂肪烃外可以溶解大多无机、有机物、极性气体、高分子化合物	毒性低，不可内服
间甲酚	202.7	参照甲酚	与甲酚相似，参照甲酚
苄醇	205.45	与乙醇、乙醚、氯仿混溶，20 ℃在水中溶解3.8%（wt）	低毒，黏膜刺激性
甲酚	210	微溶于水，能与乙醇、乙醚、苯、氯仿、乙二醇、甘油等混溶	低毒类，腐蚀性，与苯酚相似

名　称	沸点/℃ (101.3 kPa)	溶解性	毒　性
甲酰胺	210.5	与水、醇、乙二醇、丙酮、乙酸、二氧六环、甘油、苯酚混溶，几乎不溶于脂肪烃、芳香烃、醚、卤代烃、氯苯、硝基苯等	皮肤、黏膜刺激性，经皮肤吸收
硝基苯	210.9	几乎不溶于水，与醇、醚、苯等有机物混溶，对有机物溶解能力强	剧毒，可经皮肤吸收
乙酰胺	221.15	溶于水、醇、吡啶、氯仿、甘油、热苯、丁酮、丁醇、苄醇，微溶于乙醚	毒性较低
六甲基磷酸三酰胺	233	与水混溶，与氯仿络合，溶于醇、醚、酯、苯、酮、烃、卤代烃等	较大毒性
喹啉	237.10	溶于热水、稀酸、乙醇、乙醚、丙酮、苯、氯仿、二硫化碳等	中等毒性，刺激皮肤和眼
乙二醇碳酸酯	238	与热水、醇、苯、醚、乙酸乙酯、乙酸混溶、干燥醚、四氯化碳、石油醚、CCl₄中不溶	毒性低
二甘醇	244.8	与水、乙醇、乙二醇、丙酮、氯仿、糠醛混溶，与乙醚、四氯化碳等不混溶	微毒，经皮肤吸收，刺激性小
丁二腈	267	溶于水，易溶于乙醇和乙醚，微溶于二硫化碳、己烷	中等毒性
环丁砜	287.3	几乎能与所有有机溶剂混溶，除脂肪烃外能溶解大多数有机物	
甘油	290.0	与水、乙醇混溶，不溶于乙醚、氯仿、二硫化碳、苯、四氯化碳、石油醚	食用对人体无毒

附录 H　常用干燥剂的性能与应用范围

干燥剂	吸水作用	吸水容量	效能	干燥速度	应用范围
氯化钙	$CaCl_2 \cdot nH_2O$ (n = 1, 2, 4, 6)	0.97（按 $CaCl_2 \cdot 6H_2O$ 计）	中等	较快，但吸水后表面为薄层液体所覆盖，故放置时间应长一些	能与醇、酚、胺、酰胺及某些醛、酮形成配合物，因而不能用于干燥这些化合物。其工业品中可能含氢氧化钙和碱式氧化钙，故不能用于干燥酸类
硫酸镁	$MgSO_4 \cdot nH_2O$ (n = 1, 2, 4, 5, 6, 7)	1.05（按 $MgSO_4 \cdot 7H_2O$ 计）	较弱	较快	中性，应用范围广，可代替 $CaCl_2$，并可用于干燥酯、醛、酮、腈、酰胺等不能用 $CaCl_2$ 干燥的化合物
硫酸钠	$Na_2SO_4 \cdot 10H_2O$	1.25	弱	缓慢	中性，一般用于有机液体的初步干燥
硫酸钙	$2CaSO_4 \cdot H_2O$	0.06	强	快	中性，常与硫酸镁（钠）配合，作最后干燥之用
碳酸钾	$K_2CO_3 \cdot \frac{1}{2}H_2O$	0.2	较弱	慢	弱碱性，用于干燥醇、酮、酯、胺及杂环等碱性化合物；不适用于酸、酚及其他酸性化合物的干燥
氢氧化钾（钠）	溶于水	—	中等	快	强碱性，用于干燥胺、杂环等碱性化合物；不能用于干燥醇、醛、酮、酸、酚等

干燥剂	吸水作用	吸水容量	效能	干燥速度	应用范围
金属钠	$Na + H_2O \longrightarrow$ $NaOH + \frac{1}{2} H_2$	—	强	快	限用于干燥醚、烃类中的痕量水分。用时切成小块或压成钠丝
氧化钙	$CaO + H_2O \longrightarrow$ $Ca(OH)_2$	—	强	较快	适于干燥低级醇类
五氧化二磷	$P_2O_5 + 3H_2O$ $\longrightarrow 2H_3PO_4$	—	强	快，但吸水后表面为黏浆液覆盖，操作不便	适于干燥醚、烃、卤代烃、腈等化合物中的痕量水分；不适用于干燥醇、酸、胺、酮等
分子筛	物理吸附	约 0.25	强	快	适用于各类有机化合物的干燥

附录 I 易制毒化学品目录

序号	化学品类型	化学品目录编码	化学品通用名称	商品名称
1	第一类	4	黄樟素	黄樟油素，萨富罗尔
2	第一类	6	4-丙烯基-1, 2-亚甲二氧基苯	异黄樟素
3	第一类	7	N-乙酰邻氨基苯酸	2-乙酰氨基苯甲酸
4	第一类	8	邻氨基苯甲酸	氨茴酸、2-氨基苯甲酸
5	第一类	9	麦角酸	—
6	第一类	10	麦角胺	—
7	第一类	11	麦角新碱	顺丁烯二酸麦角新碱，苹果酸麦角新碱
8	第一类	12	(1R, 2S)-2-甲氨基-苯丙烷-1-醇	麻黄素，麻黄碱，麻黄碱锭
9	第一类	24	1-羟基环戊基-2-氯苯基-N-甲基亚胺基酮	羟亚胺
10	第一类	YD00013	胡椒醛	胡椒基丙酮
11	第一类	YD00014	黄樟油	—
12	第一类	YD00015	1-苯基-2-丙酮	苯基丙酮
13	第一类	YD00016	3, 4-亚甲基二氧苯基-2-丙酮	胡椒基苯丙酮，胡椒基甲基酮
14	第二类	13	苯乙酸	α-甲苯甲酸，苯醋酸
15	第二类	14	醋酸酐	乙酐，醋酐，无水醋酸
16	第二类	15	三氯甲烷	氯仿
17	第二类	16	乙醚	二乙醚，乙氧基乙烷
18	第二类	17	六氢吡啶	哌啶
19	第三类	18	甲苯	甲基苯，苯基甲烷
20	第三类	19	丙酮	二甲基酮，二甲基甲酮，二甲酮，醋酮，木酮
21	第三类	20	甲基乙基酮	丁酮，MEK，2-氧代丁烷
22	第三类	21	高锰酸钾	锰（VII）酸钾，灰锰氧，PP 粉
23	第三类	22	硫酸	—
24	第三类	23	盐酸	氢氯酸

附录 J 化学试剂的纯度及常用溶剂的纯化

J1 化学试剂纯度中英文对照表

中　文	英　文	缩写或简称
优级纯试剂	Guaranteed reagent	GR
分析纯试剂	Analytical reagent	AR
化学纯试剂	Chemical pure	CP
实验试剂	Laboratory reagent	LR
纯	Pure	Purum Pur
高纯物质（特纯）	Extra pure	EP
特纯	Purissimum	Puriss
超纯	Ultra pure	UP
精制	Purified	Purif
分光纯	Ultra violet pure	UV
光谱纯	Spectrum pure	SP
闪烁纯	Scintillation pure	
研究级	Research grade	
生化试剂	Biochemical	BC
生物试剂	Biological reagent	BR
生物染色剂	Biological stain	BS
生物学用	For biological purpose	FBP
组织培养用	For tissue medium purpose	
微生物用	For microbiological	FMB
显微镜用	For microscopic purpose	FMP
电子显微镜用	For electron microscopy	
涂镜用	For lens blooming	FLB
工业用	Technical grade	Tech
实习用	Practical use	Pract
分析用	For analysis	PA
精密分析用	Super special grade	SSG
合成用	For synthesis	FS
闪烁用	For scintillation	Scint

中 文	英 文	缩写或简称
电泳用	For electrophoresis use	
测折光率用	For refractive index	RI
显色剂	Developer	
指示剂	Indicator	Ind
配位指示剂	Complexon indicator	Complex ind
荧光指示剂	Fluorescence indicator	Fluor ind
氧化还原指示剂	Redox indicator	Redox ind
吸附指示剂	Adsorption indicator	Adsorb ind
基准试剂	Primary reagent	PT
光谱标准物质	Spectrographic standard substance	SSS
原子吸收光谱	Atomic adsorption spectrum	AAS
红外吸收光谱	Infrared adsorption spectrum	IR
核磁共振光谱	Nuclear magnetic resonance spectrum	NMR
有机分析试剂	Organic analytical reagent	OAS
微量分析试剂	Micro analytical standard	MAS
微量分析标准	Micro analytical standard	MAS
点滴试剂	Spot-test reagent	STR
气相色谱	Gas chromatography	GC
液相色谱	Liquid chromatography	LC
高效液相色谱	High performance liquid chromatography	HPLC
气-液色谱	Gas liquid chromatography	GLC
气-固色谱	Gas solid chromatography	GSC
薄层色谱	Thin layer chromatography	TLC
凝胶渗透色谱	Gel permeation chromatography	GPC
层析用	For chromatography purpose	FCP

J2 化学试剂分级标准

为了使各种规格的化学试剂实行标准化和控制试剂产品的质量，并使买卖双方在发生争议时有据可依，人们制定了《试剂标准》。为了保证试剂质量，试剂还需要进行多种检验。本小节着重讨论试剂规格和试剂标准，主要介绍试剂检验中的一些注意事项。

J2.1 试剂规格

试剂规格又称试剂级别或类别。一般按实际的用途或纯度、杂质含量来划分规格标准。目前，国外试剂厂生产的化学试剂的规格趋向于按用途划分。

例如，德国伊默克公司生产的硝酸有 13 种规格：最低浓度为 65%（密度约 1.40）的特纯试剂（EP）硝酸、双硫腙试验通过的最低浓度为 65%（密度约 1.40，Hg 的最高浓度 0.000 000 5%）的保证试剂（BR）硝酸、双硫腙试验通过的最低浓度为 65%（密度约 1.40）的保证试剂（BR）硝酸、最低浓度为 65%（密度约 1.40）的光学与电子学专用特纯（Selectipur）硝酸、浓度为 100%（密度约 1.52）的保证试剂（BR）硝酸、浓度为 100%（密度约 1.42）的光学与电子学专用特纯（Seletipur）发烟硝酸、重氢度小于 99% 的重氢试剂硝酸（在 D_2O 中，DNO_3 不小于 65%）、滴定用 0.1 mol/L 硝酸溶液和滴定用 1 mol/L 硝酸溶液等。

伊默克公司还按用户的需要生产各种规格的试剂，如生化试剂，默克诊断试剂，医学研究、农业和环境监测试剂等。

试剂规格按用途划分的优点简单明了，从规格即可知此试剂的用途，用户不必反复考虑使用哪一种纯度级的试剂。

我国的试剂规格基本上按纯度划分，共有高纯、光谱纯、基准、分光纯、优级纯、分析和化学纯等 7 种。国家和主管部门颁布质量指标的主要有优级纯、分级纯和化学纯 3 种。

（1）优级纯又称一级品，这种试剂纯度最高，杂质含量最低，适合于重要精密的分析工作和科学研究工作，使用绿色瓶签。

（2）分析纯又称二级品，纯度很高，略次于优级纯，适合于重要分析及一般研究工作，使用红色瓶签。

（3）化学纯又称三级品，纯度与分析纯相差较大，适用于工矿、学校一般分析工作，使用蓝色瓶签。

纯度远高于优级纯的试剂叫做高纯试剂。高纯试剂是在通用试剂基础上发展起来的，它是为了专门的使用目的而用特殊方法生产的纯度最高的试剂。它的杂质含量要比优级纯试剂低 2 个、3 个、4 个或更多个数量级。因此，高纯试剂特别适用于一些痕量分析，而通常的优级纯试剂达不到这种精密分析的要求。

目前，除对少数产品制定国家标准外（如高纯硼酸、高纯冰乙酸、高纯氢氟酸等），大部分高纯试剂的质量标准还很不统一，在名称上有高纯、特纯、超纯、光谱纯等不同叫法。根据高纯试剂工业专用范围的不同，可将其分为以下几种：

（1）光学与电子学专用高纯化学品，即电子级（Electronic grade）。

（2）金属-氧化物-半导体（Metal-oxide-semiconductor）电子工业专用高纯化学品，即 MOS 试剂（读作摩斯试剂）。一般用于半导体、电子管等方面，其杂质最高含量为 $10^{-8} \sim 10^{-5}$，有的可降低到 10^{-12} 数量级。尘埃等级达到 $0 \sim 2 \times 10^{-12}$。

（3）单晶生产用高纯化学品。

（4）光导纤维用高纯化学品。

此外，还有仪分试剂、特纯试剂（杂质含量低于 1/1000000 ~ 1/1000000000 级）、特殊高纯度的有机材料等。

J2.2 试剂标准

各国生产化学试剂的大公司，均有自己的试剂标准。近年来，我国化学剂标准委员会正在逐步修正我国的试剂标准，尽可能与国际接轨，统一标准。

1. 我国的化学试剂标准

我国的化学试剂标准分为国家标准、部颁标准和企业标准三种。

（1）国家标准

国家标准由化学工业部提出，国家标准局审批和发布，其代号是"GB"，系取自"国标"两字的汉语拼音的第一个字母。其编号采用顺序号加年代号，中间用一横线分开，都用阿拉伯数字。如 GB2299—80 高纯硼酸，表示国家标准 2299 号，1980 年颁布。

《中华人民共和国国家标准·化学试剂》制定、出版于 1965 年，1971 年编成《国家标准·化学试剂汇编》出版，1978 年净增订分册陆续出版。1990 年又以《化学工业标准汇编·化学试剂》（第 13 册）问世。它将化学试剂的纯度分为 5 级，即高纯、基准、优级纯、分析纯和化学纯，其中优级纯相当于默克标准的保证试剂（BR）。

《中华人民共和国国际标准·化学试剂》是我国最权威的一部试剂标准。它的内容除试剂名称、形状、分子式、分子量外，还有技术条件（试剂最低含量和杂质最高含量等）、检验规则（试剂的采样和验收规则）、试验方法、包装及标志等 4 项内容。

（2）部颁标准

部颁标准由化学工业部组织制定、审批和发布，报送国家标准局备案，其代号是"HG"，系取自"化工"两字的汉语拼音的第一个字母，编号形式与国家标准相同。

除部颁标准外，还有部颁暂行标准，是化工部发布的暂行标准，代号是"HGB"，取自"化工部"三个汉字拼音的第一个字母，编号形式与国家标准相同。

（3）企业标准

企业标准由省化工厅（局）或省、市级标准局审批、发布，在化学试剂行业或一个地区内执行。企业标准的代号采用分数形式"Q/HG"，Q、HG 各取自"企""化工"汉语拼音的第一个字母，编号形式与国家标准相同。

在这 3 种标准中，部颁标准不得与国家标准相抵触，企业标准不得与国家标准和部颁标准相抵触。

2. 国外几种重要化学试剂标准

对我国化学试剂工业影响较大的国外试剂标准有：默克标准、罗津标准和 ACS 规格。现简介如下。

（1）默克标准

其前身为 1888 年出版的伊默克公司化学家克劳赫（Krauch）博士编著的《化学试剂纯度检验》，此书附有"伊默克公司和保证试剂"一览表，表中罗列了当时该公司生产的 130 种分析试剂。到 1939 又出版了第 5 版修订本。根据这一传统，在 1971 年，伊默克公司出版了《默克标准》（*Merck Standards*）（德文）。这本书，不仅叙述了每一种默克保证试剂（GR）中杂质的最高极限，还详细叙述了最有效的测定方法。因此，深受所有试剂用户的欢迎，被称为"检验大全"。在 1971 年出版的《默克标准》中共收入保证试剂（GR）570 余种。

伊默克是世界上第一个制定和公布试剂标准的公司，也是第一个用百分数表示试剂最低含量和杂质最高允许含量的公司。可以说，世界上试剂标准的基本款式是由伊默克最早确立的。

（2）罗津标准

全称为《具有试验和测定方法的化学试剂及其标准》(*Reagent Chemical and Standards with Methods of Testing and Assaying*)，作者约瑟夫·罗津（Joseph Rosin）为美国化学会会员，美国药典修订委员会前任首席化学家和伊默克公司化学指导。该标准自 1937 年出版以来，经 1946、1955、1967 年多次修订，不断增补试剂品种。1967 年出版的第 5 版《罗津标准》共收入分析试剂约 570 种。

《罗津标准》是当前世界上最有名的一部学者标准。

（3）ACS 规格

全称为《化学试剂——美国化学学会规格》(*Reagent Chemical-Americal Chemical Society Specifications*)，由美国化学学会分析委员会编纂。类似于《ACS 规格》的早期文本是 1917 年出现的，并应用于 1921 年出版的《工业和工程化学》(*Industrial and Engineering Chemistry*)杂志中的 4 种化学试剂（氢氧化铵、盐酸、硝酸和硫酸）。《ACS 规格》现在的款式始于 1924-1925 年。1941 年以分册的形式出版《ACS 规格》。最终将校订本和新的试剂品种收集成为一本书的，是 1950 年版的《ACS 规格》。接着是 1955 年和 1960 年版。第 4 版（1968 年）和第 5 版（1974 年）、第 6 版（1981 年）、第 7 版（1986 年）。《ACS 规格》是当前美国最有权威性的一部试剂标准。

J3　常用有机溶剂的纯化

有机化学实验离不开溶剂，溶剂不仅作为反应介质使用，而且在产物的纯化和后处理中也经常使用。很多反应对溶剂和试剂的要求较高，市售的有机溶剂很难达到其要求，需要对其进行一些处理后方可使用。有机溶剂的纯化，是有机合成工作的一项基本操作，现介绍几种常用有机溶剂在实验室条件下的纯化方法。

1. 四氢呋喃

沸点：67 ℃，折光率：1.4050，相对密度：0.8892。

四氢呋喃是具乙醚气味的无色透明液体，与水混溶，常含有少量水分及过氧化物。为获取纯净的四氢呋喃，可将其先与金属钠回流，然后加入二苯甲酮，观察其颜色变化，待溶液变蓝色之后，收集得到无水四氢呋喃。将无水四氢呋喃与氢化锂铝（通常 1000 mL 需 2～4 g 氢化锂铝）在氮气保护下回流，除去过氧化物和水分，然后常压蒸馏，收集 66 ℃ 的馏分，得到纯净的四氢呋喃。在所得的液体中加入钠丝，并在氮气气氛中保存。

2. 二氯甲烷

沸点：40 ℃，折光率：1.4246，相对密度：1.3255。

二氯甲烷的主要杂质是醛类。可先用浓硫酸洗至酸层不变色，然后用水洗除去残留的酸，再用 5%～10% 氢氧化钠或碳酸钠溶液洗涤两次，最后用水洗涤至中性。将所得的二氯甲烷用无水氯化钙干燥，蒸馏收集 40～41 ℃ 的馏分即得二氯甲烷。若需进一步除水，可将得到的二氯甲烷与氢化钙一起回流 6 h，再蒸馏，收集得到无水二氯甲烷。

3. 乙酸乙酯

沸点：77.1 ℃，折光率：1.3723，相对密度：0.9003。

市售的乙酸乙酯常含有微量水、乙醇和乙酸。可先用等体积的 5% 碳酸钠溶液洗涤，然后用饱和氯化钙溶液洗涤，最后将处理后的乙酸乙酯用无水碳酸钾或无水硫酸镁干燥 1 h，再进行蒸馏，收集 77.0 ~ 77.5 °C 馏分。

4. 丙 酮

沸点：56.2 °C，折光率：1.3588，相对密度：0.7899。

丙酮能与水、乙醇、乙醚互溶。市售的丙酮常含有少量水、甲醇及乙醛等还原性杂质。丙酮的纯化可通过在丙酮中加入高锰酸钾回流（100 mL 丙酮需 0.5 g 高锰酸钾），以除去还原性杂质。若高锰酸钾紫色迅速消失，则需要再加入少量高锰酸钾继续回流，直至紫色不再消失为止。改成蒸馏装置，蒸出丙酮，用无水碳酸钾或无水硫酸钙干燥，过滤，蒸馏收集 55 ~ 56.5 °C 的馏分。

5. 无水甲苯

沸点：110.6 °C，折光率：1.4967，相对密度：0.8669。

甲苯为无色澄清液体，有苯的气味。其无水化处理主要是通过甲苯与金属钠丝在氮气保护下进行回流，然后加入显色剂二苯甲酮。待溶液变为无色时，改为蒸馏装置，收集 109 ~ 110 °C 馏分即为无水甲苯。

6. 苯

沸点：80.1 °C，折光率：1.5011，相对密度：0.8787。

苯常含有少量水和噻吩（沸点 84 °C），由于噻吩的沸点与苯接近，不能用分馏的方式进行纯化。无水无噻吩苯的获取可通过在苯中加入相当于苯体积 15% 的浓硫酸，然后充分振荡，使噻吩磺化，弃去酸液，再加入新的浓硫酸，重复操作至酸液呈无色或淡黄色为止。分去酸层，将上述苯依次用水、10% 碳酸钠溶液、水洗至中性，再经无水氯化钙干燥，过滤，蒸馏，收集 79 ~ 81 °C 的馏分，得无水无噻吩苯。

噻吩的检验：在 1 mL 苯中加入溶有 2 mg α, β-吲哚醌的浓硫酸 2 mL，振荡片刻，观察酸层是否显色，若显黑绿色或蓝色，则说明有噻吩存在。

7. N, N-二甲基甲酰胺（DMF）

沸点：149 ~ 156 °C，折光率：1.4305，相对密度：0.9487。

N, N-二甲基甲酰胺为无色液体，可与多数有机溶剂和水以任意比例混溶，是溶解性能较好的有机溶剂。市售的 DMF 常含有水、胺和甲醛等杂质。

DMF 在常压蒸馏可发生分解，产生二甲胺与一氧化碳，若有酸或碱存在，分解加快。因此，最好用硫酸钙、硫酸镁、氧化钡、硅胶或分子筛进行干燥，然后经减压蒸馏，收集 76 °C/4.79 kPa（36 mmHg）的馏分，得到无水 DMF。当其中含水较多时，可加入 1/10 体积的苯，在常压、80 °C 以下蒸去水和苯，然后用硫酸镁或氧化钡干燥，再进行减压蒸馏。

8. 无水吡啶

沸点：115.5 °C，折光率：1.5095，相对密度：0.9819。

市售的吡啶常含有少量水分，可将其与粒状氢氧化钾或氢氧化钠一同回流，然后隔绝空气蒸出，即得到无水吡啶。吡啶极易吸水，保存时可将容器口用石蜡密封。

9. 无水乙醚

沸点：34.51 °C，折光率：1.3526，相对密度：0.7138。

普通乙醚中常含有一定量的水、乙醇及少量过氧化物等杂质。在制备无水乙醚时首先必须检验有无过氧化物。为此取少量乙醚与等体积的 2% 碘化钾溶液，加入几滴稀盐酸一起振摇，若能使淀粉溶液呈紫色或蓝色，即证明有过氧化物存在，必须在进行干燥之前除去过氧化物。除去过氧化物可在乙醚中加入相当于乙醚体积 1/5 的新配制硫酸亚铁溶液，剧烈振摇后分去水溶液，重复操作直至无过氧化物为止。向上述乙醚中加入无水氯化钙，密封放置一天以上，并间断摇动，然后蒸馏，收集 33～37 ℃ 馏分。然后在馏出液中加入金属钠丝，用带有氯化钙干燥管的软木塞塞住，放置 24 h 以上。如不再有气泡逸出，同时钠的表面较光滑，则可存放备用。如放置后，金属钠表面已全部发生作用，需重新加入少量钠丝，放置至无气泡产生。

10. 无水甲醇

沸点：64.7 ℃，折光率：1.3288，相对密度：0.7914。

市售的甲醇纯度可达 99.85%，含 0.1%的水分，若需制备纯度大于 99.9%的甲醇，可将甲醇用分馏柱进行分馏，收集 64 ℃ 的馏分。再向上述所得的甲醇 10 mL 中加入干燥纯净的镁丝 0.6 g，然后安装回流冷凝管，上端管口装上无水氯化钙干燥管，水浴加热至微沸，移去热源，立刻加入几粒碘（此时不要振荡），观察碘粒附近是否发生反应。若不反应可补加几粒碘；若反应较慢，可稍微加热。当金属镁全部反应后，再加入处理过的甲醇 100 mL，搅拌回流 1 h 后，改成蒸馏装置，进行蒸馏，收集 78.5 ℃ 馏分，贮存在试剂瓶中，密封贮存。

11. 二甲亚砜（DMSO）

沸点：189 ℃，折光率：1.4783，相对密度：1.0954。

二甲亚砜为无色、无嗅、微带苦味的吸湿性液体。市售试剂级二甲亚砜含水量约为 1%。其纯化可通过先减压蒸馏，然后用分子筛长期放置进行干燥。也可用氢化钙粉末搅拌 4～8 h，再经减压蒸馏得到。蒸馏时，温度不宜高于 90 ℃，否则会发生歧化反应生成二甲砜和二甲硫醚。二甲亚砜与某些物质混合时可能发生爆炸，如氢化钠、高碘酸或高氯酸镁等，应予注意。

12. 氯　仿

沸点：61.7 ℃，折光率：1.4459，相对密度：1.4832。

市售氯仿含有 1%的乙醇作为稳定剂，这是为了防止氯仿分解为有毒的光气。为了除去乙醇，可以将氯仿用一半体积的水洗涤 5～6 次，然后分出氯仿层，再用无水氯化钙干燥数小时后，经蒸馏，收集 60.5～61.5 ℃ 的馏分得到。也可以将氯仿与少量浓硫酸一起振荡 2～3 次（200 mL 氯仿需浓硫酸 10 mL），分去酸层，氯仿用水洗涤，干燥，然后蒸馏。经纯化的氯仿需保存于棕色瓶子中，并且避光保存。

13. 乙　醇

沸点：78.5 ℃，折光率：1.3616，相对密度：0.7893。

制备无水乙醇的方法很多，根据对无水乙醇质量的要求不同而选择不同的方法。

（1）利用苯、水和乙醇形成低共沸混合物的性质，将苯加入乙醇中，进行分馏，在 64.9 ℃ 时蒸出苯、水、乙醇的三元恒沸混合物，多余的苯在 68.3 ℃ 与乙醇形成二元恒沸混合物被蒸出，最后蒸出乙醇。工业生产多采用此法。

（2）用生石灰脱水。于 100 mL 95%乙醇中加入新鲜的块状生石灰 20 g，回流 3～5 h，然后进行蒸馏。

若需要 99%以上的乙醇，可采用下列方法：

（1）在 100 mL 99%乙醇中，加入 7 g 金属钠，待反应完毕，再加入 27.5 g 邻苯二甲酸二乙酯或 25 g 草酸二乙酯，回流 2～3 h，然后进行蒸馏。

金属钠虽能与乙醇中的水作用，产生氢气和氢氧化钠，但所生成的氢氧化钠又与乙醇发生平衡反应，因此单独使用金属钠不能完全除去乙醇中的水，须加入过量的高沸点酯，如邻苯二甲酸二乙酯与生成的氢氧化钠作用，抑制上述反应，从而达到进一步脱水的目的。

（2）在 250 mL 干燥的圆底烧瓶中，加入 0.6 g 干燥纯净的镁丝和 10 mL 99.5%的乙醇，安装回流冷凝管，冷凝管上口附加一支无水氯化钙干燥管。

在沸水浴上加热至微沸，移去热源，立刻加入几粒碘（注意此时不要振荡），可见随即在碘粒附近发生反应。若反应较慢，可稍加热，若不见反应发生，可补加几粒碘。当金属镁全部作用完毕后，再加入 100 mL 99.5%乙醇和几粒沸石，水浴加热回流 1 h。改成蒸馏装置，补加沸石后，水浴加热蒸馏，收集 78.5 °C 的馏分，贮存在试剂瓶中，用橡胶塞或磨口塞封口。此法制得的绝对乙醇，纯度可达 99.99%。

由于乙醇具有非常强的吸湿性，所以在操作时动作要迅速，尽量减少转移次数，以防止空气中的水分进入，同时所用仪器必须事前干燥好。

14. 石油醚

石油醚为轻质石油产品，是低分子量烷烃类的混合物。其沸程为 30～150 °C，收集的温度区间一般为 30 °C 左右。根据沸程不同可分为 30～60 °C、60～90 °C 和 90～120 °C 等不同规格。

石油醚中常含有少量沸点与烷烃相近的不饱和烃，难以用蒸馏法进行分离，此时可用浓硫酸和高锰酸钾将其除去。方法如下。

在 150 mL 分液漏斗中，加入 100 mL 石油醚，用 10 mL 浓硫酸分两次洗涤，再用 10%硫酸与高锰酸钾配制的饱和溶液洗涤，直至水层中紫色不再消失为止。用蒸馏水洗涤 2 次后，将石油醚倒入干燥的锥形瓶中，加入无水氯化钙干燥 1 h。蒸馏，收集需要规格的馏分。若需绝对干燥的石油醚，可加入钠丝（与纯化无水乙醚相同）。

15. 二氧六环

沸点 101.5 °C，熔点 12 °C，折光率 1.4424，相对密度 1.0336。

二氧六环能与水任意混合，常含有少量二乙醇缩醛与水，久贮的二氧六环可能含有过氧化物（鉴定和除去参阅乙醚）。

二氧六环的纯化方法，在 500 mL 二氧六环中加入 8 mL 浓盐酸和 50 mL 水的溶液，回流 6～10 h，在回流过程中，慢慢通入氮气以除去生成的乙醛。冷却后，加入固体氢氧化钾，直到不能再溶解为止，分去水层，再用固体氢氧化钾干燥 24 h。然后过滤，在金属钠存在下加热回流 8～12 h，最后在金属钠存在下蒸馏，加入钠丝密封保存。精制过的 1,4-二氧环己烷应当避免与空气接触。

16. 二硫化碳

沸点：46.25 °C，折光率：1.631 9，相对密度：1.2632。

二硫化碳为有毒化合物，能使血液神经组织中毒，具有高度的挥发性和易燃性，因此，使用时应避免与其蒸气接触。

对二硫化碳纯度要求不高的实验，在二硫化碳中加入少量无水氯化钙干燥几小时，在水浴 55～65 °C 下加热蒸馏。如需要制备较纯的二硫化碳，在试剂级的二硫化碳中加入 0.5%高锰酸钾水溶液洗涤 3 次，除去硫化氢，再加入汞，不断振荡以除去硫，最后用 2.5%硫酸汞溶液洗涤，除去所有的硫化氢（洗至没有恶臭味为止），再经氯化钙干燥，蒸馏。

17.1,2-二氯乙烷

沸点：83.4 ℃，折光率：1.4448，相对密度：1.2531。

1,2-二氯乙烷为无色油状液体，有芳香味。其1份溶于120份（体积）水中，与之形成恒沸点混合物，沸点72 ℃，其中含81.5%的1,2-二氯乙烷。可与乙醇、乙醚、氯仿等混溶。在结晶和提取时是极有用的溶剂，比常用的含氯有机溶剂更为活泼。一般纯化可依次用浓硫酸、水、稀碱溶液和水洗涤，用无水氯化钙干燥或加入五氧化二磷，分馏即可。

附录K 各类有机化合物的基团特征频率

K1 烷烃类

基团	吸收带位置/cm^{-1}
—CH$_3$	2960
	2870
	1460
	1380
—CH$_2$—	2925
	2850
	1460
	785~720
—CH(CH$_3$)$_2$	1170
	1155
—C(CH$_3$)$_3$	1250
	1210
—C(CH$_3$)$_2$—	1215
	1195

注：对于—(CH$_2$)$_n$—，$n=1$，~775；$n=2$，~738；$n=3$，~727；$n=4$，~722

K2 烯烃 C—H 键面外弯曲振动

基团	吸收带位置/cm^{-1}
R—CH＝CH$_2$	1000~960 和 940~900
R$_2$C＝CH$_2$	915~870
RCH＝CHR（反式）	990~940
RCH＝CHR（顺式）	790~650
R$_2$C＝CHR	850~790

K3 烯 烃

振动类别	吸收带位置/cm^{-1}
=C—H 伸缩	3100~3000
=C—H 弯曲	1000~800
=CH$_2$ 弯曲	885~855
C=C 伸缩	1700~1600

K4 炔 烃

振动类别	吸收带位置/cm^{-1}
≡C—H 伸缩	~3300
≡C—H 弯曲	645~615
C≡C 伸缩	2250~2100

K5 芳基化合物

振动类别	吸收带位置/cm^{-1}
芳基 C—H 伸缩	3300~3000
芳基 C—C（4 个峰）	1600~1450
芳基 C—H 弯曲	900~690

K6 苯基 C—H 键面外弯曲振动频率

取代基位置	吸收带位置/cm^{-1}
单取代（2 个峰）	770~730 710~690
邻-二取代	770~735
间-二取代（3 个峰）	900~860 810~750 725~680
对-二取代	860~800

K7 醇类和酚类

基团	吸收带位置/cm^{-1}
O—H（游离）	3650~3600
O—H（形成氢键）	3500~3200
C—O	1250~1000

K8 不同醇类的 C—O 伸缩振动

化合物	吸收带位置/cm^{-1}
叔醇（饱和）	~1150
仲醇（饱和）	~1100
伯醇（饱和）	~1050

K9 羰基化合物

羰基类型	吸收峰位置/cm^{-1}	注 释
醛	1735～1715	C=O 伸缩
	2820，2720	=C—H 伸缩
酮	1720～1710	C=O 伸缩
	1100（脂肪），1300（芳香）	C—C 伸缩
羧酸	1770～1750	C=O 伸缩（游离酸）
	1720～1710	C=O 伸缩（二聚体）
	3580～3500	O—H 伸缩（游离酸）
	3200～2500	O—H 伸缩（二聚体）
	1300～1200	O—H 弯曲（二聚体）
	1420	C—O 伸缩（二聚体）
羧酸盐	1610～1550	
	1400	
酯	1735	C=O 伸缩
	1260～1160	C—O—C 不对称伸缩
	1160～1050	C—O—C 对称伸缩
酸酐	1820 和 1760	两峰间距 ~60 cm^{-1}
酰卤	~1800	C=O 伸缩
酰胺（游离）	3500 和 3400	N—H 伸缩
	1690	C=O 伸缩
	1600	N—H 弯曲
酰胺（缔合）	3350，3200 几个峰	N—H 伸缩
	1650	C=O 伸缩
	1640	N—H 弯曲

K10 腈 类

基团	吸收带位置/cm^{-1}
C≡N（脂肪族）	~2250
C≡N（脂肪族）	2240～2220

K11 胺

振动类别		吸收峰位置/cm^{-1}
伯胺	N—H 伸缩（纯液体）	3400～3250
	C—N 伸缩	1250～1020
仲胺	N—H 伸缩（纯液体）	3300
	C—N 伸缩	1250～1020
叔胺	C—N 伸缩	1250～1020

附录 L 有机化合物中各类 H 和 C 的化学位移值

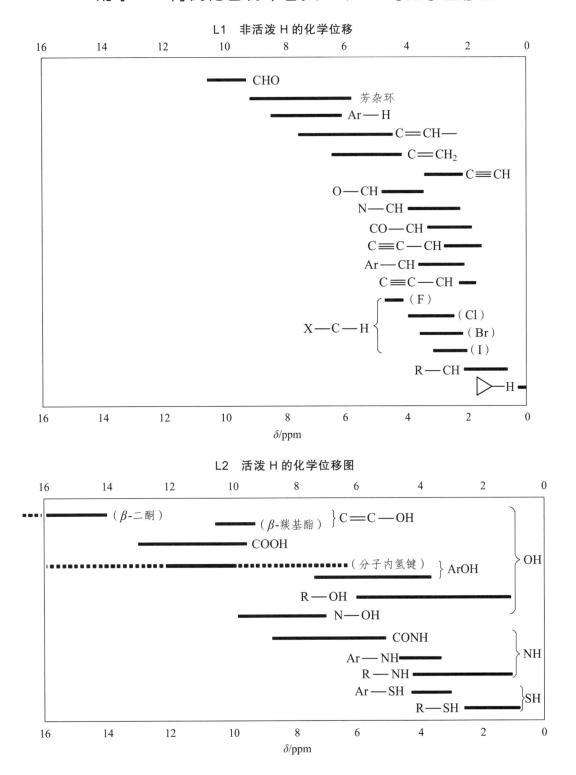

L1 非活泼 H 的化学位移

δ/ppm

L2 活泼 H 的化学位移图

δ/ppm

L3 活泼 H 经重水交换后的化学位移

活泼氢的类型		D$_2$O 交换后消失 δ 值
O—H	醇	0.5～5.5
	酚	4～8
	酚（分子内缔合）	10.5～16
	烯醇（分子内缔合）	15～19
	羧酸	10～13
S—H	硫醇	0.9～2.5
	硫酚	3～4
N—H	脂肪胺	0.4～3.5
	芳香胺	2.9～4.8

L4 H 原子受临位常见基团影响的化学位移

质子的类型	δ	质子的类型	δ
RCH$_3$	0.9	ArOH	4.5～4.7（分子内缔合 10.5～16）
R$_2$CH$_2$	1.3		
R$_3$CH	1.5	R$_2$C＝CR—OH	15～19（分子内缔合）
$\underset{H_2C-CH_2}{\overset{H_2}{C}}$	0.22	RCH$_2$OH	3.4～4
R$_2$C＝CH$_2$	4.5～5.9	ROCH$_3$	3.5～4
R$_2$C＝CRH	5.3	RCHO	9～10
R$_2$C＝CR—CH$_3$	1.7	RCOCR$_2$—H	2～2.7
RC≡CH	7～3.5	HCR$_2$COOH	2～2.6
ArCR$_2$—H	2.2～3	R$_2$CHCOOR	2～2.2
RCH$_2$F	4～4.5	RCOOCH$_3$	3.7～4
RCH$_2$Cl	3～4	RC≡CCOCH$_3$	2～3
RCH$_2$Br	3.5～4	RNH$_2$ 或 R$_2$NH	0.5～5（峰不尖锐，常呈馒头形）
RCH$_2$I	3.2～4		
ROH	0.5～5.5（温度、溶剂、浓度改变时影响很大）	RCONRH 或 ArCONRH	5～9.4

L5 常见溶剂的 ^1H 在不同氘代溶剂中的化学位移值

	mult.	氘代溶剂							
		CDCl₃	(CD₃)₂CO	(CD₃)₂SO	C₆D₆	CD₃CN	CD₃OD	D₂O	C₅D₅N
残余溶剂峰		7.26	2.05	2.50	7.16	1.94	3.31	4.79	7.20 7.57 8.72
水峰	brs	1.56	2.84	3.33	0.40	2.13	4.87	4.79	4.96
CHCl₃	s	7.26	8.02	8.32	6.15	7.58	7.90		
(CH₃)₂CO	s	2.17	2.09	2.09	1.55	2.08	2.15	2.22	
(CH₃)₂SO	s	2.62	2.52	2.54	1.68	2.50	2.65	2.71	
C₆H₆	s	7.36	7.36	7.37	7.15	7.37	7.33		
CH₃CN	s	2.10	2.05	2.07	1.55	1.96	2.03	2.06	
CH₃OH	CH₃，s OH，s	3.49 1.09	3.31 3.12	3.16 4.01	3.07	3.28 2.16	3.34	3.34	
C₅H₅N	CH(2)，m CH(3)，m CH(4)，m	8.62 7.29 7.68	8.58 7.35 7.76	8.58 7.39 7.79	8.53 6.66 6.98	8.57 7.33 7.73	8.53 7.44 7.85	8.52 7.45 7.87	8.72 7.20 7.57
CH₃COOC₂H₅	CH₃，s CH₂，q CH₃，t	2.05 4.12 1.26	1.97 4.05 1.20	1.99 4.03 1.17	1.65 3.89 0.92	1.97 4.06 1.20	2.01 4.09 1.24	2.07 4.14 1.24	
CH₂Cl₂	s	5.30	5.63	5.76	4.27	5.44	5.49		
n-Hexane	CH₃，t CH₂，m	0.88 1.26	0.88 1.28	0.86 1.25	0.89 1.24	0.89 1.28	0.90 1.29		
C₂H₅OH	CH₃，t CH₂，q	1.25 3.72	1.12 3.57	1.06 3.44	0.96 3.34	1.12 3.54	1.19 3.60	1.17 3.65	

L6 常见溶剂的 ^{13}C 在不同氘代溶剂中的化学位移值

	氘代溶剂							
	CDCl₃	(CD₃)₂CO	(CD₃)₂SO	C₆D₆	CD₃CN	CD₃OD	D₂O	C₅D₅N
溶剂峰	77.16	206.26 29.84	39.52	128.06	1.32 118.26	49.00	—	123.44 135.43 149.84
CHCl₃	77.36	79.19	79.16	77.79	79.17	79.44		
(CH₃)₂CO	207.07 30.92	205.87 30.60	206.31 30.56	204.43 30.14	207.43 30.91	209.67 30.67	215.94 30.89	
(CH₃)₂SO	40.76	41.23	40.45	40.03	41.31	40.45	39.39	
C₆H₆	128.37	129.15	128.30	128.62	129.32	129.34		

	氘代溶剂							
	CDCl$_3$	(CD$_3$)$_2$CO	(CD$_3$)$_2$SO	C$_6$D$_6$	CD$_3$CN	CD$_3$OD	D$_2$O	C$_5$D$_5$N
CH$_3$CN	116.43 1.89	117.60 1.12	117.91 1.03	116.02 0.20	118.26 1.79	118.06 0.85	119.68 1.47	
CH$_3$OH	50.41	49.77	48.59	49.97	49.90	49.86	49.50	
C$_5$H$_5$N	149.90 123.75 135.96	150.67 124.57 136.56	149.58 123.84 136.05	150.27 123.58 135.28	150.76 127.76 136.89	150.07 125.53 138.35	149.18 125.12 138.27	
CH$_3$COOC$_2$H$_5$	21.04 171.36 60.49 14.19	20.83 170.96 60.56 14.50	20.68 170.31 59.74 14.40	20.56 170.44 60.21 14.19	21.16 171.68 60.98 14.54	20.88 172.89 61.50 14.49	21.15 175.26 62.32 13.92	
CH$_2$Cl$_2$	53.52	54.95	54.84	53.46	55.32	54.78		
n-Hexane	14.14 22.70 31.64	14.34 23.28 32.30	13.88 22.05 30.95	14.32 23.04 31.96	14.43 23.40 32.36	14.45 23.68 32.73		

附录M 实验室中常见有毒、危险化学品

M1 实验室常见危险化学试剂及防护

化学工作者每天都要接触各种化学药品，很多药品是剧毒、可燃和易爆炸的。我们必须正确使用和保管化学药品，严格遵守操作规程，避免安全事故发生。

根据常用的一些化学药品的危险性质，可以大略分为易燃、易爆炸、有毒、强腐蚀和放射性等几类，现分述如下：

M1.1 易爆物质

（1）硝酸银：强氧化剂，与其他物质接触会发生爆炸，皮肤吸收可造成损伤。操作应戴好手套和护目镜，在通风橱内进行。

（2）金属钠、钾：遇水发生反应，着火，易爆炸。应单独存放在安全处，室内温度不要太高。

（3）三硝基甲苯（TNT）：受热能引起爆炸，中等毒性。使用时穿紧袖工作服，用后彻底洗手并淋浴。可用含10%亚硫酸钾的肥皂清洗，亚硫酸钾遇三硝基甲苯呈红色，如能将红色洗净，表示皮肤污染已清除。也可用浸于9:1的酒精-氢氧化钠溶液的棉球擦手，洗净者不出现黄色。

（4）硝化甘油：黄色的油状透明液体，可因震动而爆炸，属化学危险品。储存注意事项：储存于阴凉、干燥、通风的专用爆炸品库房。远离火种、热源。库温不宜超过30 ℃。保持容器密封。应与氧化剂、活性金属粉末、酸类、食用化学品分开存放，切忌混储。采用防爆型照明、通风设施。禁止使用易产生火花的机械设备和工具。储区应备有泄漏应急处理设备和合适的收容材料。禁止震动、撞击和摩擦。

（5）硝化纤维：遇到火星、高温、氧化剂以及大多数有机胺（对苯二甲胺等）会发生燃

烧和爆炸。如温度超过 40 ℃ 时能分解自燃。用玻璃瓶包装，储存于阴凉、通风的库房内，仓间温度不宜超过 30 ℃，远离火种及热源。与有机胺、氧化剂隔离储运。

（6）苦味酸：受热，接触明火、高热或受到摩擦震动、撞击时可发生爆炸。操作时戴好合适的手套和护目镜。

（7）硝酸铵：受热、接触明火，或受到摩擦、震动、撞击时可发生爆炸。着火后会转为爆轰。泄漏应急处理：切断火源，穿消防防护服，不要直接接触泄漏物。

（8）叠氮化物：多具有高度爆炸性，或加热易爆炸。此外叠氮化物为神经毒物，使用时务必小心。接触时戴好合适的手套和护目镜，穿好防护服。

（9）雷酸盐（如雷汞）：包含雷酸根离子的化合物。雷酸盐多是对摩擦敏感的炸药，遇热或撞击均易发生爆炸。接触时戴好合适的手套和护目镜，穿好防护服，尽量减少摩擦，保持室内较低的温度。

（10）乙炔银：相当敏感，受热、震动、撞击、摩擦等极易分解，发生爆炸。储存于郊外专业仓库内，仓内要求阴凉通风。远离火种、热源。仓温不宜超过 30 ℃。防止阳光直射。应与氧化剂，易燃、可燃物、硫、磷、起爆器材等分开存放，切忌混储混运。禁止使用易产生火花的机械设备和工具。轻装轻卸，禁止震动、撞击和摩擦。

M1.2　易燃物质

（1）黄磷：易燃，在 34 ℃ 即自行燃烧。操作时应穿戴防护用具，环境应通风，备有盛满的清水池，黄磷燃烧时应立即用清水扑灭，防止溅散。烧伤皮肤时，立即浸入清水中，先用 2% 碳酸氢钠溶液浸泡，再用 1% ~ 2% $CuSO_4$ 溶液冲洗烧伤处，经现场应急处理后，立即送往附近医院治疗；口服黄磷中毒时立即用 0.2% 硫酸铜溶液洗胃，同时禁忌脂肪食物和牛奶。

（2）白磷：易自燃的物质，其着火点为 40 ℃，但因摩擦或缓慢氧化而产生的热量有可能使局部温度达到 40 ℃ 而燃烧。有剧毒。禁忌物：强氧化剂、酸类、卤素、硫、氯酸盐等，避免接触空气。存储条件：小开口钢桶（顶面须用厚度为 15 cm 以上的水层覆盖）；装入盛水的玻璃瓶、塑料瓶或金属容器（用塑料瓶时必须再装入金属容器内）。物品必须完全浸没在水中。

（3）硝酸纤维素：纤维素与硝酸酯化反应的产物。在阳光下易变色，且极易燃烧。保存：装入高密度聚乙烯瓶，外部套上黑色塑料袋，干燥，阴凉保存，也可放入冰箱冷藏室。

（4）三甲基锑：在常温常压下为具有大蒜臭味的无色透明有毒液体。在空气中迅速氧化，有时能着火爆炸。能与氧、硫、卤素迅速化合，不与水、二氧化碳反应。在水中密封保存。

（5）丙酮、乙醚、苯、甲苯、乙醇、甲醇、乙酸乙酯、乙醛、氯乙烷、二硫化碳、吡啶、汽油、柴油、煤油、松节油等有机溶剂：易燃液体，要密封（如盖紧瓶塞），防止倾倒和外溢，存放在阴凉通风的专用橱中，远离火种（包括易产生火花的器物）和氧化剂。

（6）硝化棉、萘、樟脑、硫黄、红磷、镁粉、锌粉、铝粉、乙醇钠、己二酸、二硝基苯酚、α-萘酚、β-萘酚：易燃固体，贮存在干燥、阴凉、通风良好并有排风、隔热、防水设施的库房中，不得与氧化剂混存。

M1.3 有毒物质

（1）苯酚：吸入、摄入、皮肤吸收可造成伤害。接触时戴好合适的手套和护目镜，穿好防护服，在通风橱内操作。若有皮肤接触药物，可用大量清水冲洗，再用肥皂和水清洗，不要用乙醇洗。

（2）苯甲基磺酰氟化物（PMSF）：为有剧毒的胆碱酯酶抑制剂。对上呼吸道的黏膜、眼睛和皮肤有极大损害。接触时戴好合适的手套和护目镜，在通风橱内操作。万一眼睛或皮肤接触到此药品，立即用大量的水冲洗，丢弃被污染的衣物。

（3）白磷：有剧毒。

（4）丙烯酰胺（未聚合的）：潜在的神经毒素，可通过皮肤吸收（有累积效应）。避免吸入尘埃。称量丙烯酰胺和亚甲基双酰胺粉末时，戴好手套和面罩，在化学通风橱内操作。聚合的丙烯酰胺是无毒的，但是使用时也应小心，因为其中可能含有少量未聚合的丙烯酰胺。

（5）叠氮化钠：有剧毒，可阻断细胞色素电子转运系统。含此药物的溶液要明确标记。吸入、摄入、皮肤吸收可造成伤害。操作时戴好手套和护目镜，并小心使用。此药品为氧化剂，故保存时要远离可燃物品。

（6）多聚甲醛：是甲醛的未解离形式，有剧毒。易通过皮肤吸收，并对皮肤、眼睛、黏膜和上呼吸道有严重破坏性。避免吸入尘埃。操作时戴好手套和护目镜，在通风橱内操作。

（7）二甲次胂酸钠：可能为致癌剂，并含有砷，有剧毒性。操作时戴好手套和护目镜，必须在通风橱内操作。

（8）过二硫酸铵：对黏膜组织、上呼吸道、眼睛和皮肤有极大的破坏性。吸入可致命。操作时戴好手套和护目镜，穿好防护服。必须在化学通风橱内操作。操作后要彻底清洗。

（9）过氧化氢：有腐蚀性、毒性，对皮肤有强损害性。吸入、摄入、皮肤吸收可造成伤害。操作时戴好手套和护目镜，必须化学通风橱内操作。

（10）环乙酰亚胺：吸入、摄入、皮肤吸收可造成伤害。操作时戴好手套和护目镜，必须化学通风橱内操作。

（11）磺基蓖麻酸（二水合物）：对黏膜和呼吸系统有极大破坏性。不要吸入粉尘。操作时戴好手套和护目镜，在化学通风橱内操作。

（12）甲氨蝶呤（MTX）：一种致癌剂和致畸胎剂。吸入、摄入、皮肤吸收可造成伤害。暴露于其中可导致胃肠反应、骨髓抑制、肝或肾损害。操作时戴好手套和护目镜，在化学通风橱内操作。

（13）甲醇：有毒，可致失明。吸入、摄入、皮肤吸收可造成伤害。要有足够的通风以减少挥发气。避免吸入这些气体。操作时戴好手套和护目镜，在化学通风橱内操作。

（14）甲醛：有剧毒性和挥发性，也是一种致癌剂。可通过皮肤吸收，对皮肤、眼睛、黏膜和上呼吸道有刺激或损伤。避免吸入气体。操作时戴好手套和护目镜，始终在通风橱内操作。远离热源、火花和明火。

（15）甲酸：有剧毒，对黏膜组织、上呼吸道、眼睛、皮肤有极大的损伤。吸入、摄入、皮肤吸收可造成损伤。操作时戴好手套和护目镜，在通风橱内操作。

（16）甲酰胺：可导致畸胎。其挥发的气体刺激眼睛、皮肤、黏膜和上呼吸道。吸入、摄入、皮肤吸收可造成损伤。操作时戴好手套和护目镜。操作高浓度甲酰胺时要在通风橱内操作。尽可能将反应的溶液盖住。

（17）联结剂（DMP）：刺激眼睛、皮肤和黏膜。可通过吸入、摄入、皮肤吸收发挥其毒性。避免吸入气体。操作时操作时戴好手套、面罩和护目镜。

（18）链霉素：有毒性，怀疑为致癌剂和突变诱导剂，可导致过敏反应。吸入、摄入、皮肤吸收可造成损伤。操作时戴好手套和护目镜。

（19）硫酸：剧毒性，对黏膜组织、上呼吸道、眼睛和皮肤有极大的损伤，可造成烧伤，与其他物质（如纸）接触可能引发火灾。操作时戴好手套和护目镜，在通风橱内操作。

（20）硫酸镁：吸入、摄入、皮肤吸收可造成损伤。操作时戴好手套和护目镜，在通风橱内操作。

（21）氯仿：致癌剂，有肝、肾毒性，有挥发性。刺激眼睛、呼吸道、皮肤和黏膜。避免吸入蒸气。操作时戴好手套和护目镜，在通风橱内操作。

（22）羟胺：有腐蚀性和毒性。吸入、摄入、皮肤吸收可造成损伤。操作时戴好手套和护目镜，在通风橱内操作。

（23）氢氧化铵：为氨的水溶液。具有腐蚀性。操作时要小心。氨气可从氨水中挥发出来，具有腐蚀性、毒性和爆炸性。操作时戴好手套，必须在通风橱内操作。

（24）氢氧化钾：剧毒性。吸入、摄入、皮肤吸收可造成损伤。溶液为强碱性，当心使用。操作时戴好手套。

（25）氢氧化钠：溶液有剧毒，强碱性，当心使用。操作时戴好手套。

其他所有高浓度碱溶液都应以类似方式操作。

（26）秋水仙碱：有剧毒，可致命，可导致癌症和可遗传的基因损害。吸入、摄入、皮肤吸收可造成损伤。操作时戴好手套和护目镜，在通风橱内操作。避免吸入粉尘。

（27）三乙胺：有剧毒，易燃。对皮肤、眼睛、黏膜和上呼吸道有强腐蚀性。吸入、摄入、皮肤吸收可造成损伤。操作时戴好手套和护目镜，始终在通风橱内操作。远离热源、火花和明火。

（28）十二烷基磺酸钠（SDS）：有毒性和刺激性，有严重损伤眼睛的危险。吸入、摄入、皮肤吸收可造成损伤。操作时戴好手套和护目镜。避免吸入粉尘。

（29）双丙烯酰胺：潜在的神经毒素，可通过皮肤吸收，避免吸入。操作时，戴好手套和护目镜。

（30）乙醇胺：具有高腐蚀性、毒性，并可与酸发生强烈反应。吸入、摄入、皮肤吸收可造成损伤。操作时戴好手套和护目镜，在通风橱内操作。

M1.4　腐蚀性物质

（1）氢氟酸：氟化氢气体的水溶液，清澈、无色，具有极强的腐蚀性，能强烈地腐蚀金属、玻璃和含硅的物体。剧毒，如吸入蒸气或接触皮肤会造成难以治愈的灼伤。实验室一般用萤石（主要成分为氟化钙）和浓硫酸来制取，需要密封在塑料瓶中，并保存于阴凉处。

（2）苯酚：既有腐蚀性，又有毒性和燃烧性，吸入、摄入、皮肤吸收可造成伤害。接触时戴好合适的手套和护目镜，穿好防护服，在通风橱内操作。若有皮肤接触药物，可用大量清水冲洗，再用肥皂和水清洗，不要用乙醇洗。

（3）过氧化氢：有腐蚀性、毒性，对皮肤有强损害性。吸入、摄入、皮肤吸收可造成伤害。操作时戴好手套和护目镜，只在化学通风橱内操作。

（4）硫酸：有腐蚀性，可造成烧伤，与其他物质（如纸）接触可能引发火灾。操作时戴好手套和护目镜，在通风橱内操作。

（5）羟胺：有腐蚀性和毒性。吸入、摄入、皮肤吸收可造成损伤。操作时戴好手套和护目镜，在通风橱内操作。

（6）氢氧化铵：为氨的水溶液。具有腐蚀性。操作时要小心。氨气可从氨水中挥发出来，具有腐蚀性、毒性和爆炸性。操作时戴好手套，必须在通风橱内操作。

（7）三氯乙酸：有很强的腐蚀性。操作时戴好手套和护目镜。

（8）硝酸：具有挥发性，操作时要小心。吸入、摄入、皮肤吸收可造成损伤。操作时戴好手套和护目镜，在通风橱内操作。远离热源、火花和明火。

（9）乙酸铵：吸入、摄入、皮肤吸收可造成损伤。操作时戴好手套和护目镜，在通风橱内操作。

（10）乙醇胺：有毒性、高腐蚀性，并可与酸发生强烈反应。吸入、摄入、皮肤吸收可造成损伤。操作时戴好手套和护目镜，在通风橱内操作。

（11）乙酸：使用时要非常小心。吸入、摄入、皮肤吸收可造成损伤。操作时戴好手套和护目镜，在通风橱内操作。

（12）亚精胺（精脒）：有腐蚀性、刺激性。吸入、摄入、皮肤吸收可造成损伤。操作时戴好手套和护目镜，在通风橱内操作。

（13）亚铁氰化钾：有刺激性。吸入、摄入、皮肤吸收可造成损伤。操作时戴好手套和护目镜，在通风橱内相当谨慎地操作。远离强酸。

（14）盐酸：有挥发性。吸入、摄入、皮肤吸收可致命。对皮肤、眼睛、黏膜和上呼吸道有极大损害。操作时戴好手套和护目镜，在通风橱内操作。

M1.5 放射性物质

（1）硝酸钍：有放射性，有毒，半数致死量（大鼠，静脉）84 mg/kg。有强氧化性，与有机物摩擦或撞击能引起燃烧或爆炸。应贮存于专门贮藏放射性试剂的仓库中，仓库中必须有足够安全的屏蔽，并尽可能消除任何可能着火的潜在危险。贮藏处必须定期检查，消除各种可能的放射性污染，并规定，只有指定的人员才允许由贮藏处放入或提取放射性试剂。仓库中应有排气装置，以便若干放射性试剂释放出的放射性气体排出室外。所有放射源必须有清楚的标签，标明活性和性质，以及负责人员的姓名，具有危险性的放射试剂应有特殊的标记。

（2）放线菌素D：畸胎剂和致癌剂，有剧毒。吸入、摄入、皮肤吸收可造成伤害，甚至是致命的。应避免吸入。操作时戴好手套和护目镜，并始终在化学通风橱内操作。放线菌D见光分解。

M2 有毒化学药品的知识

M2.1 高毒性固体

名　称	TLV/mg·m³	名　称	TLV/mg·m³
三氧化铍	0.002	砷化合物	0.5（按 As 计）
汞化合物（特别是烷基汞）	0.01	五氧化二钒	0.5
铊盐	0.1（按 Tl 计）	草酸和草酸盐	1
硒和硒化合物	0.2（Se 计）	无机氰化物	5（按 CN 计）

注：很少量就能使人迅速中毒甚至致死。

M2.2 毒性危险气体

名称	TLV/$\mu g \cdot g^{-1}$	名称	TLV/$\mu g \cdot g^{-1}$
氟	0.1	氟化氢	3
光气	0.1	二氧化氮	5
臭氧	0.1	硝酰氯	5
重氮甲烷	0.2	氰	10
磷化氢	0.3	氰化氢	10
三氟化硼	1	硫化氢	10
氯	1	一氧化碳	50

M2.3 毒性危险液体和刺激性物质

名 称	TLV/$\mu g \cdot g^{-1}$	名 称	TLV/$\mu g \cdot g^{-1}$
羰基镍	0.001	硫酸二甲酯	1
异氰酸甲酯	0.02	硫酸二乙酯	1
丙烯醛	0.1	四溴乙烷	1
溴	0.1	烯丙醇	2
3-氯丙烯	1	2-丁烯醛	2
苯氯甲烷	1	氢氟酸	3
苯溴甲烷	1	四氯乙烷	5
三氯化硼	1	苯	10
三溴化硼	1	溴甲烷	15
2-氯乙醇	1	二硫化碳	20

注：长期少量接触可能引起慢性中毒，其中许多物质的蒸气对眼睛和呼吸道有强刺激性。

M2.4 其他有害物质

（1）许多溴代烷和氯代烷，以及甲烷和乙烷的多卤衍生物，特别是下列化合物：

名 称	TLV/$\mu g \cdot g^{-1}$	名 称	TLV/$\mu g \cdot g^{-1}$
溴仿	0.5	1,2-二溴乙烷	20
碘甲烷	5	1,2-二氯乙烷	50
四氯化碳	10	溴乙烷	200
氯仿	10	二氯甲烷	200

（2）芳胺和低级脂肪族胺类的蒸气有毒。全部芳胺，包括它们的烷氧基、卤素、硝基取代物都有毒性。下面是一些代表性例子：

名称	TLV/ $\mu g \cdot g^{-1}$	名称	TLV/ $\mu g \cdot g^{-1}$
对苯二胺（及其异构体）	0.1(mg/m³)	苯胺	5
甲氧基苯胺	0.5(mg/m³)	邻甲苯胺（及其异构体）	5
对硝基苯胺（及其异构体）	1	二甲胺	10
N-甲基苯胺	2	乙胺	10
N, N-二甲基苯胺	5	三乙胺	25

（3）酚和芳香族硝基化合物

名　称	TLV/mg · m⁻³	名　称	TLV/ $\mu g \cdot g^{-1}$
苦味酸	0.1	硝基苯	1
二硝基苯酚，二硝基甲苯酚	0.2	苯酚	5
对硝基氯苯（及其异构体）	1	甲苯酚	5
间二硝基苯	1		

M2.5　致癌物质

（1）芳胺及其衍生物：

联苯胺（及某些衍生物）、β-萘胺、二甲氨基偶氮苯、α-萘胺。

（2）N-亚硝基化合物：

N-甲基-N-亚硝基苯胺、N-亚硝基二甲胺、N-甲基-N-亚硝基脲、N-亚硝基氢化吡啶。

（3）烷基化剂：

双（氯甲基）醚、硫酸二甲酯、氯甲基甲醚、碘甲烷、重氮甲烷、β-羟基丙酸内酯。

（4）稠环芳烃：

苯并[a]芘、二苯并[c, g]咔唑、二苯并[a, h]蒽、7, 12-二甲基苯并[a]蒽。

（5）含硫化合物：

硫代乙酸胺（thioacetamide）、硫脲。

（6）石棉粉尘。

M2.6　具有长期积累效应的毒物

这些物质进入人体不易排出，在人体内累积，引起慢性中毒。这类物质主要有：

（1）苯。

（2）含铅化合物，特别是有机铅化合物。

（3）汞和含汞化合物，特别是二价汞盐和液态的有机汞化合物。

在使用以上各类有毒化学药品时，都应采取妥善的防护措施。避免吸入其蒸气和粉尘，不要使它们接触皮肤。有毒气体和挥发性的有毒液体必须在效率良好的通风橱中操作。汞的表面应该用水掩盖，不可直接暴露在空气中。盛汞的仪器应放在一个搪瓷盘上，以防溅出的汞流失。溅洒汞的地方迅速撒上硫黄、石灰糊。